食品安全与农产品质量检测

张　华　张冬梅　李　娟　著

U0838592

中国商业出版社

图书在版编目（CIP）数据

食品安全与农产品质量检测 / 张华，张冬梅，李娟著. -- 北京 : 中国商业出版社，2023.12
ISBN 978-7-5208-2827-7

Ⅰ. ①食… Ⅱ. ①张… ②张… ③李… Ⅲ. ①食品安全②农产品—质量检验 Ⅳ. ①TS201.6②S37

中国国家版本馆CIP数据核字(2023)第247143号

责任编辑：袁　娜

中国商业出版社出版发行
（www.zgsycb.com　100053　北京广安门内报国寺 1 号）
总编室：010-63180647　编辑室：010-83128926
发行部：010-83120835/8286
新华书店经销
北京厚诚则铭印刷科技有限公司印刷
*
710 毫米 ×1000 毫米　16 开　11 印张　180 千字
2023 年 12 月第 1 版　2023 年 12 月第 1 次印刷
定价：48.00 元
* * * *
（如有印装质量问题可更换）

前言

民以食为天，食以安为先。农产品质量安全是食品安全的基础。近年来，随着生活水平的提高，公众对农产品质量的“安全感”也进一步提升，人民群众对农产品安全的期待与要求也越来越高，农产品质量监管任务越来越艰巨。毋庸讳言，提高农产品质量安全水平是获取人们对农产品质量安全的认可与满意的需要，更是保障食品安全的迫切需要。

食品安全与农产品质量检测对于保障公众健康、促进农业发展、规范市场秩序、提高国际竞争力和推动科技进步都具有重要意义。农产品质量检测是农产品质量安全的保障。当前，农药残留、兽药残留问题在农产品质量和食品安全中备受关注。只有将农产品质量安全检测中的各个环节都落实到位，才能为现代农业生产提供更好的技术支撑，确保农产品质量与安全，同时对农业生态环境保护、外来有害生物防治也会起到一定的作用。农产品质量安全检测工作对我国现代化农业发展具有重要意义，既能保障农产品质量的安全，为政府农业监管相关部门提供有效数据和政策依据，起到技术支撑的作用，还能推动现代农业标准化生产。要保证食品安全，加强农产品质量安全检验检测势在必行。

本书围绕“食品安全与农产品质量检测”这一主题，以食品安全为切入点，由浅入深地阐明食品安全的概念、内涵、主要内容和挑战，并系统地分析了影响食品安全危害的因素，诠释了农产品质量检测、农产品质量安全检测、农产品分析检验技术应用等内容，以期为读者理解与践行食品安全与农产品质量检测提供有价值的参考和借鉴。本书内容翔实、条理清晰、逻辑合理，兼具理论性与实践性，适用于从事相关工作与研究的专业人员。

本书理论结合实践，重点突出，力求便于读者更好地学习和掌握。

目 录

第一章　认识食品安全

第一节　食品安全的概念

食品安全是一个复杂的问题，涉及多个方面，包括食品的种植、养殖、加工、包装、储藏、运输、销售、消费等活动。这些活动必须符合国家强制标准和要求，以防止可能损害或威胁人体健康的有毒有害物质的存在，从而确保食品的安全性。

食品安全不仅包括生产安全，也包括经营安全；不仅包括结果安全，也包括过程安全；不仅包括现实安全，也包括未来安全。这些涵盖了食品的整个生命周期和所有相关的活动，以确保公众的健康和安全。

一、食品安全的概念解析

第一，食品无毒、无害。食品安全的首要条件是食品无毒、无害，即不能含有有毒有害物质，以确保消费者在食用时不会受到危害。

第二，符合相应的营养要求。食品安全不仅要求食品无毒无害，还需要符合人体营养需求，能够为人体提供足够的能量和各种营养素，以维持人体的健康和正常生理功能。食品安全要求食品在食用过程中不会对人体健康造成任何急性、亚急性或慢性危害。这意味着食品中不能含有有害微生物、化学物质等有害物质，以确保消费者在长期食用该食品时不会对健康产生危害。

第三，贯穿整个食品链的安全性。食品安全不仅涉及食品的生产环节，还涉及食品的加工、包装、运输、销售等环节。这些环节都需要符合国家强制标准和要求，以确保食品在整个生命周期中都保持安全性。

第四，关注公众的健康和生命安全。食品安全是公众健康和生命安全的重要保障。如果食品存在安全问题，将会给消费者的健康和生命带来严重威胁，甚至引发社会恐慌和公共卫生危机。因此，食品安全工作需要始终关注公众的健康和生命安全。

二、食品安全的概念分类

食品安全是一个重要的公共卫生问题。它不仅关系到消费者的健康和生命安全，也关系到社会的稳定和公共卫生系统的运行。因此，政府和社会各界都需要加强合作，共同推进食品安全工作，以确保公众的健康和安全。

综上所述，食品安全的概念有广义和狭义之分。

狭义的食品安全指食品无毒、无害，符合相应的营养要求，对人体健康不造成任何急性、亚急性或慢性危害。①

广义的食品安全指食品的数量安全、卫生安全和发展安全。狭义的食品安全是指在食品加工和存储及销售等过程中确保食品卫生及食用安全，降低疾病隐患，防范食物中毒。

总之，食品安全是一个复杂且重要的问题，需要全社会共同努力，加强监管，以确保食品的质量和安全，为公众提供健康、安全的食品。

第二节　食品安全的内涵

一、食品安全具有相对性

一方面，食品安全与不安全之间并没有明显的界限，从食品安全到不安全往往是一个从量变到质变的过程，在质变过程中各种危害因子的种类、含量和毒性可以发生变化。另一方面，食品安全的标准可以随着科学技术的发展和人们食品

① 方艳斌.农产品质量检测监管存在的问题及对策[J].农家参谋，2021（12）：63+72

安全认识的提高而发生变化。

二、食品安全是个综合概念

作为一种概念，食品安全包括食品卫生、食品质量、食品营养等方面的内容和食品（食物）种植、养殖、加工、包装、贮藏、运输、销售、消费等环节。而作为属概念的食品安全，是上述种概念的总和。[①]无论是作为种概念还是作为属概念的食品安全，其内涵和外延都应当是明确的。

三、食品安全是个法律概念

进入20世纪80年代以来，一些国家以及有关国际组织从社会系统工程建设的角度出发，逐步以食品安全的综合立法替代卫生、质量、营养等要素立法。综合立法有三个特点：一是体现了“从农田到餐桌”的全过程管理；二是体现了系统管理和不同环节之间的有机联系；三是体现了管理者、生产者和消费者共同参与的特点。

四、食品安全是个经济概念

食品是人类生存和发展的物质基础，也是经济发展的重要支撑。食品产业的发展对于促进就业、提高居民收入水平、推动相关产业的发展具有重要的作用。食品安全问题会对食品产业和经济发展产生负面影响。因此，保障食品安全也是维护经济发展的重要任务之一。

五、食品安全涉及社会公共利益

食品安全问题不仅仅是个人的问题，更是涉及整个社会公共利益的问题。一旦食品安全出现问题，不仅会对消费者的健康造成危害，还会对整个社会的稳定与和谐造成负面影响。因此，保障食品安全也是维护社会公共利益的重要举措之一。

总的来说，食品安全的内涵是指食品无毒、无害，符合相应的营养要求，对人体健康不造成任何急性、亚急性或慢性危害。同时，食品安全也是专门探讨在

① 蔺晓梅.农产品质量检测检验抽样方式的细节问题分析[J].食品安全导刊，2020（06）：122.

食品加工、存储、销售等过程中确保食品卫生及食用安全、减少疾病隐患、防范食物中毒的一个跨学科领域。

第三节　食品安全的主要内容

一、食品的无毒无害

食品无毒、无害意味着食品应当是安全可靠的，不含有毒、有害物质，同时满足人们的营养需求，不会导致任何形式的健康损害。

为了确保食品无毒、无害，符合相应的营养要求，需要采取一系列的措施。首先，食品的种植、养殖、加工、包装等过程应当符合国家强制标准和要求，以确保食品的安全性和卫生质量。其次，食品的成分和质量应当符合营养标准，包括蛋白质、脂肪、碳水化合物、维生素和矿物质等营养成分，以满足人们日常生活的营养需求。

为了保障食品的安全性和营养质量，需要加强食品监管和检验检测工作。政府应当加强对食品生产和流通环节的监管，确保食品的质量和安全。同时，食品生产和经营者也应当加强自我管理，遵守食品安全法规和标准，以保证食品的质量和安全。

除了政府的监管和企业的自我管理外，消费者也应当提高食品安全意识和自我保护能力。在购买食品时，应当选择正规渠道购买有相关认证的食品，如绿色食品、有机食品等。同时，消费者也应当注意食品的成分和质量，避免食用含有毒、有害物质的食品。

食品无毒、无害，符合相应的营养要求是食品安全的重要内容之一。需要政府、企业和消费者共同努力，加强食品监管和检验检测工作，提高食品安全意识和自我保护能力，保障人民的身体健康和生命安全。

二、食品的数量安全

食品的数量安全，要求人们既能买得到又能买得起生活所需要的基本食品。食品的数量安全是指一个国家或地区能够生产满足人民基本生存所需的膳食需要。这意味着食品的供应量要充足，能够满足人民的基本生活需求，同时也要确保人民能够买得起这些食品。

为了保障食品的数量安全，需要采取一系列的措施。首先，政府应当加强对农业和粮食生产的支持和投入，鼓励和促进农业生产和粮食储备，以确保粮食供应的稳定和充足。其次，政府应当采取有效的食品价格调控政策，确保食品价格稳定，避免食品价格过高或过低对人们的生活造成影响。此外，政府还应当加强食品储备和应急管理，确保在自然灾害、突发事件等情况下，人们能够及时获得安全可靠的食品。

除了政府的支持和调控外，企业也应当加强自我管理，保障食品的数量安全。企业应当遵守相关法律法规和标准，确保食品的质量和安全，同时也要加强食品生产和流通环节的管理，提高食品的数量和品质。

总之，食品的数量安全是食品安全的重要内容之一。这就需要政府、企业和消费者共同努力，加强食品的生产、储备、价格调控和应急管理等方面的工作，进而保障人民群众的食品数量安全和基本生活需求。

三、食品的质量安全

食品的质量安全要求食品在营养、卫生方面满足人民的健康需要，涉及食物是否有毒、添加剂是否违规超标、标签是否规范等问题。这是指食品的质量要符合卫生标准和营养标准，不含有毒、有害物质，同时添加剂的使用也要符合规定，标签上的信息要真实、准确。

四、食品的可持续安全

食品的可持续安全是从发展角度要求食品的获取要注重生态环境的良好保护和资源利用的可持续。这意味着在食品的生产、加工、运输、消费等环节中，应当注重环境保护和资源的可持续利用，以保障未来的食品安全和生态平衡。

为了实现食品的可持续安全，需要采取一系列的措施。首先，政府应当加强环境保护和资源可持续利用的法律法规制订，以确保食品的生产和消费符合环保和资源可持续利用的要求。[①]其次，政府应当加大对绿色农业、有机农业等环保农业的支持和推广力度，鼓励农民采用环保、可持续的农业生产方式，减少对环境的污染和资源的浪费。此外，政府还应当加强食品质量安全监管和检验检测工作，以确保食品的质量和安全，同时也要加强对食品生产和消费环节的监管，以保障食品的可持续安全。

除了政府的支持和监管外，企业也应当加强自我管理，保障食品的可持续安全。企业应当遵守相关法律法规和标准，采用环保、可持续的食品生产和消费方式，同时也要加强食品质量的管理与保障工作，确保食品的质量符合要求。

食品的可持续安全是食品安全的重要内容之一，需要政府、企业和消费者共同努力，加强环境保护和资源利用的监管工作，并采取一系列的措施，保障人民群众的身体健康和生命安全。

第四节　食品安全面临的挑战

一、食品安全面临的数字化挑战

随着互联网的快速发展，食品安全面临着前所未有的挑战。互联网的兴起给食品供应链带来了许多新的威胁，如食品虚假广告、网络销售假冒伪劣食品等。

（一）食品虚假广告的威胁

在互联网时代，食品企业可以通过各种渠道进行广告宣传，但一些企业为了追求销量和利润，可能会发布虚假广告，夸大产品的功效和安全性。这给消费者带来了误导和食品安全隐患。政府和监管机构应加强对食品广告的监管，加大对虚假广告的处罚力度。同时，消费者也应增强食品安全意识，对广告进行辨别和筛选，选择可信赖的品牌和渠道。

① 文明.主成分分析在产品质量检测中的应用[J].中外企业文化，2020（06）：83-84.

（二）网络销售假冒伪劣食品的威胁

互联网的普及使得食品可以通过网络销售，但一些不法分子可能会利用网络渠道销售假冒伪劣食品。这些食品可能存在质量问题，对消费者的健康造成威胁。政府和监管机构应加强对网络销售食品的监管，建立健全网络销售食品追溯体系，加大对假冒伪劣食品的打击力度。同时，消费者在购买食品时应选择正规的电商平台和可信赖的卖家，仔细查看商品信息和评价。

（三）食品安全信息泄露的威胁

随着互联网的普及，食品企业和消费者之间的信息交流越来越频繁。然而，一些不法分子可能会利用技术手段获取食品企业和消费者的个人信息，给食品安全带来潜在威胁。食品企业和消费者应增强个人信息的保护意识，采取合适的安全措施，如加密技术、防火墙等，防止个人信息被泄露。同时，政府和监管机构应加强对个人信息保护的监管，并建立相关法律法规，加大对信息泄露的处罚力度。

（四）食品溯源技术的应用

在互联网时代，食品溯源技术的应用对保障食品安全起到了重要作用。通过区块链等技术手段，可以实现食品供应链的可追溯性，确保食品的来源和质量的可靠性。政府和监管机构应推动食品溯源技术的应用，加强对食品供应链的监管。食品企业应积极采用食品溯源技术，提高食品供应链的透明度和可信度。消费者也应加强对食品溯源技术的了解，选择具备溯源功能的食品品牌和产品。

互联网时代给食品安全带来了新的数字化挑战，但同时也提供了解决问题的新机遇。政府、监管机构、食品企业和消费者应共同努力，加强监管，增强食品安全意识，推动食品供应链的数字化转型，确保食品的安全和消费者的健康。只有通过合作和共同努力，我们才能应对互联网时代下食品安全的数字化挑战。

二、食品安全面临的供应链挑战

在全球经济一体化的大环境下，基于全球供应链的食品工业发展迅猛，但同时也面临着食品安全、加工效率、环境压力、经济效益等挑战。食品供应链日趋复杂，牵涉的环节越来越多。因此，食品供应链全球化在让消费者受益的同时，更让食品安全问题变得复杂且棘手。在这种趋势下，我们必须准确地了解食品供应链面临的安全挑战，利用HACCP原理和质量管理方法，有效地预防食品供应链各环节的安全危害。

（一）供应链及其管理

供应链是围绕核心企业，从生产原料或配套零件开始到制成中间产品及最终产品、最后由销售网络把产品送到消费者手中的一个由供应商、生产商、分销商直到最终用户所连成的整体功能网链结构。供应链就是通过计划（Plan）、获得（Obtain）、存储（Store）、分销（Distribute）、服务（Serve）等一系列活动而在顾客和供应商之间形成的一种衔接，从而使企业能满足内外部顾客的需求。有学者将供应链定义为生产与流通过程中所涉及的将产品或服务提供给最终用户的上游与下游企业所形成的网链结构。[①]随着5G移动网络的不断迭代，供应链逐步进入移动时代。移动供应链是利用无线网络实现供应链的技术，将原有供应链系统上的客户关系管理功能迁移到手机上，使业务人员摆脱时间和场所的局限，随时随地与公司在业务平台进行沟通，提高管理效率，推动企业效益增长。

供应链管理是对整个供应链系统进行计划、协调、操作、控制和优化的各种活动和过程，其目标是将顾客所需的正确的产品，在正确的时间，按照正确的数量、质量和状态送到正确的地点，并使这一过程所耗费的总成本最小。显然，供应链管理是一种体现整合与协调思想的管理模式，它要求组成供应链系统的成员与企业协同运作，共同应对外部市场复杂多变的形势。

供应链管理以市场和客户需求为导向，在核心企业协调下，本着共赢原则，以提高竞争力、市场占有率、客户满意度、获取最大利润为目标，以协同商务、协同竞争为商业运作模式，通过运用现代企业管理技术、信息技术和集成技术，达到对整个供应链的信息流、物流、资金流、业务流和价值流的有效规划和控制，从而将客户、供应商、制造商、服务商等合作伙伴连成一个完整的网状结构，形成一个极具竞争力的战略联盟。简单地说，供应链管理就是优化和改进供应链的活动，其对象是供应链组织和它们之间的“流”，应用的方法是集成和协同，目标是满足客户的需求，最终提高供应链的整体竞争能力。

---

① 戴巧珍.农产品质量检测检验抽样检测原则和方法[J].农家参谋，2020（24）：64.

供应链管理是一种先进的管理理念，它的先进性体现在一切以顾客和最终消费者为经营导向，以满足顾客和消费者的最终期望来生产和供应，并通过企业间的协作，谋求供应链整体最佳化。成功的供应链管理能够协调并整合供应链中所有的活动，最终形成无缝连接的一体化过程。

（二）食品供应链的形成与发展

20世纪90年代以来，供应链管理的思想已成为学术界及企业界关注的热门话题，尤其是供应链管理成功地应用于各种世界级企业的经营管理之后，食品行业也开始引入供应链管理的思想以提高竞争力。1996年，食品供应链的概念首次被提出。

在食品供应链中，以消费者需求为导向，通过物流、资金流、信息流的合理流通，达到满足消费者要求与供应链整体运行成本最小化的平衡状态，最终实现保障供应链的整体利益，达到供应链高效运行的目的。随着全球经济一体化发展，各国经济社会发展的联系日益密切，全球食品供应链已经进入协同发展的新时代，一个食品安全领域的人类命运共同体正逐步形成。

食品供应链的发展可分为五个阶段：

第一，对食品供应链重要性的认识快速提升。供应链管理既是企业的一部分，也是企业的核心竞争力，供应链的创新与应用是企业转型升级与产业模式变革的双引擎。

第二，食品供应链从推式进入拉式。推式供应链是以生产为中心，制造商以提高生产率、降低单件产品成本获利为驱动源进行生产决策，产品生产出来后从分销商逐级推向用户的供应链。拉式供应链是以顾客为中心，通过对实际需求较为精确的预测来拉动产品生产和服务的供应链。这一变化说明，一切从需求出发已成为共识。过去的企业特别重视上游，重视采购成本、供应商管理，而现在的企业特别重视需求管理，将市场需求放在第一位，这是一个革命性的变化。

第三，从企业内部资源整合开始，扩展到企业外部的资源整合，包括跨界整合。从重视供应链环节到重视供应链协同，通过运作全产业链端到端的供应链协同，以取得降本增效的最大效益。

第四，为了提高食品供应链效率，防止供应链风险，供应链数字化（技术领域）与供应链生态化（社会领域）成为供应链运作必须追求的两个基本目标。

第五，在供应链的支撑系统中，除了人才和科技赋能，供应链金融的作用越来越显著，因为供应链绩效都反映在业务指标上。

产业链、供应链和价值链应三链一体。产业链是创造财富的基础，即实体经济，主要靠工业生产和农业生产。产业链最终的目的是追求GDP，追求价值创造，所以也是价值链。产业链能否在价值链中增值，通俗地说就是能否赚到钱，关键看供应链。供应链是手段，通过供应链的整合、优化、协同、开放，使产业链成为有效的价值链，同时供应链还必须安全、有效、快捷。

（三）食品供应链的特点与应用

由于食品原材料的来源与农业生产紧密相关，食品又是人们生活中消费弹性较小的必需品，是一种保质期短、容易腐败、消耗量大的快速消费品，所以，食品供应链与其他行业的供应链迥异，其具有以下特点。

第一，对环境的依赖性强。种植或养殖环境、生产环境、储存环境、运输环境、销售环境，甚至社会经济环境，对食品供应链都有极其重要的影响，这些影响主要表现在食品安全、食品价格和供应量等方面。

第二，原料与成品的消费周期短、过程环节多、风险高，特别是食品原料具有容易腐败，但对新鲜度要求高等特点。因此，食品供应链各环节都有严格控制时间和温度的要求，从原材料的采购到最终消费，食品供应链包括了种植、养殖、加工、储运保鲜、流通、销售等众多环节，每个环节都有可能引入或增加风险。这就要求食品供应链在设计运作时必须力求高效，同时各个环节都必须采取防控措施，有效保证食品质量安全。

第三，对冷链物流技术依赖性较强。冷链物流指从生产、储藏、运输、销售，直到最终消费前的各个环节使易腐、生鲜食品处于规定的低温环境，以保证食品质量，减少食品损耗的特殊供应链体系。因此，这一环节不仅需要依赖冷链运输系统的技术水平，以确保获得稳定的低温环境，而且需要有较高的冷库等储存场所、冷控技术水平，只有这样才能最终确保食品的质量安全。

第四，市场不确定性大。农业生产有明显的季节性，因此，食品原料的供应受农产品生产季节性的制约，有些农产品在成熟季节和非成熟季节的市场需求和价格波动较大。食品的特殊性，导致食品供应链难以通过增加库存对市场不确定性加以平衡。合理利用市场反馈的信息是正确决策的有效手段，但由此引发的投

机行为又会增加管理风险

第五，供应链管理过程中外包比例较大。风险性高食品属于快消产品，且产品单值较低，为了降低物流成本，往往会外包相关业务而不会自建物流系统，这样既增加了管理风险，又增加了因储存和运输过程控制不当而发生腐败变质，甚至导致食品安全事故的风险。在政府和消费者对食品安全的关注下，一旦出现食品安全问题，该生产商的产品将很难再得到消费者的信赖，并且影响的不仅仅是一个企业，而是整个供应链。

第六，食品电子商务、跨境直邮模式等“新零售”模式，使食品供应链既长又复杂。互联网的虚拟性和广域性，使食品在交易过程中更加隐蔽，进而导致食品质量监督不到位、食品安全监管体系落后、网络市场规范化经营管理不细致。食品网点经营者的道德素质参差不齐，部分经营者诚信缺失，行业自律性差，造成大部分不良商家和企业利用互联网的虚拟性隐匿在网络环境中，攫取利益最大化，不断危害食品安全市场，给原本严峻的食品安全问题提出了更高的挑战。

总之，食品供应链的链条越长越复杂，食品受到污染和腐败变质的风险也就越高。同时，食品安全危害还有沿着食品供应链传递和积累的特性，每一环节都在“承上启下”式地接受上游传递过来的风险，又向下游传递过去。由于食品系统和人类系统都有自身的动态行为，因而我们不能完全、准确地预测在食品供应链每个环节中的情况。但是，危害分析与关键控制点（HACCP）原理给我们提供了一个系统科学的思维方法，有助于我们做到防患于未然，同时还能做到实时纠偏，亡羊补牢。

第二章　食品安全危害因素

第一节　生物性危害因素

一、生物性危害特点

第一，微生物是一种非常微小的生物体，肉眼不能看到，但广泛存在。

第二，部分微生物种会导致食物中毒，为致病微生物。

第三，有些腐败物很少使人致病，而一些致病微生物并不会引起食物感官变化。

第四，污染了致病微生物的食品是导致食物中毒和其他食源性疾病的主要原因之一。

二、细菌和病原菌

第一，细菌是目前最受关注和人类对其了解较为深入的一类微生物。

第二，细菌可以在食物中生存和繁殖。

第三，致病性细菌常称为病原菌或致病菌，是导致大多数食物中毒的罪魁祸首。

三、常见的病原菌污染

（一）沙门氏菌

沙门氏菌病又称副伤寒，为幼狐和禽类常发的疾病。幼狐感染该病多呈急性发热、下痢、体重迅速减轻，脾脏显著增大，肝脏发生病变。沙门氏菌病主要包括猪沙门氏菌病、马沙门氏菌病、牛沙门氏菌病、羊沙门氏菌病、禽沙门氏菌病等。

经口感染是沙门氏菌病最重要的传染途径，而被污染的食物与饮水则是其传播的主要媒介物。各种因素均可诱发此病。沙门氏菌自然感染的潜伏期为8至20天，平均14天，人工感染的潜伏期为2至5天。①

（二）肉毒杆菌

肉毒杆菌是一种生长在缺氧环境下的细菌，在罐头食品及密封腌渍食物中具有极强的生存能力，是目前毒性最强的毒素之一。人们食入和吸收这种毒素后，神经系统将遭到破坏，出现头晕、呼吸困难和肌肉乏力等症状。肉毒杆菌在自然界分布广泛，土壤中常可检出，偶亦存在于动物粪便中。

如果进食的食物已被证明有肉毒杆菌及毒素存在，食用者应立即注射多价抗毒血清，以防止发病。

（三）副溶血性弧菌

副溶血性弧菌主要来自海产品，如墨鱼、海鱼、海虾、海蟹、海蜇，以及含盐分较高的腌制食品，如咸菜、腌肉等；存活能力强，在抹布和砧板上能生存一个月以上，海水中可存活47天。此菌对酸敏感，在普通食醋中五分钟即可被杀死，对热的抵抗力也较弱。副溶血性弧菌食物中毒以急性起病、腹痛、呕吐、腹泻及水样便为主要症状。该病多在夏秋季发生于沿海地区，常造成集体发病。中毒食品主要是海产品，其次为咸菜、熟肉类、禽肉、禽蛋类。中毒原因主要是烹调时未烧熟煮透或熟制品被污染。

（四）变形杆菌

变形杆菌中毒食品以动物性食品为主，其次为豆制品和凉拌菜，发病季节多在夏、秋，中毒原因为被污染食品在食用前未彻底加热。变形杆菌食物中毒是我国常见的食物中毒之一。

防止污染、控制繁殖和食用前彻底加热杀灭病原菌是预防变形杆菌食物中毒

① 赵华.冷链物流质量的现状分析与对策研究[J].农村经济与科技，2017（06）：77+79.

的三个主要环节。发现中毒后要立即停止食用怀疑被变形杆菌污染的食品，注意食品的贮藏卫生和个人卫生，防止其他食品被污染。

（五）金黄色葡萄球菌

金黄色葡萄球菌是一种重要病原菌，隶属于葡萄球菌属，有嗜肉菌的别称，是革兰氏阳性菌的代表。

金黄色葡萄球菌在自然界中无处不在，在空气、水、灰尘及人和动物的排泄物中都可找到。因此，食品受其污染的机会很多，如奶、肉、蛋、鱼及其制品，剩饭、油煎蛋、糯米糕及凉粉等被污染；上呼吸道感染患者鼻腔带菌；人畜化脓性感染部位带菌；食品加工人员、炊事员或销售人员带菌；食品在加工前本身带菌，在加工过程中受到污染；熟食制品包装不密封，运输过程中受到污染；奶牛患化脓性乳腺炎或禽畜局部化脓时，对肉体其他部位的污染；等等。

食品安全危害是一个复杂而日益严峻问题，防范食品安全危害对于保障人们的健康至关重要。政府、企业和个人应该共同努力，加强食品安全监管，为人们提供更加安全可靠的食品。只有这样，人们才能真正享受到健康和美味的食品带来的幸福与满足。

第二节　化学性危害因素

化学性危害（又称“化学危害”）是指存在于食品中的、摄取一定数量后可能导致人发生疾病的化学物质。化学危害可能来源于天然存在的化学物质，有意加入的化学物质、无意或偶尔进入食品中的化学物质。食品中的化学危害会影响人体健康，高浓度水平的有害化学物质与食源性急性疾病有关，低浓度水平的有害化学物质是引起慢性疾病的重要原因。因此，食物的安全程度，特别是食品中的化学性危害，应引起人们高度重视。化学性危害包括食品添加剂与辅助剂类、天然毒素类和天然过敏物质类及其他化学污染物等。

一、食品添加剂与辅助剂

高纯度化学试剂主要服务于化学试验，由于试验本身对于精度存在要求等因素，其产品质量标准主要注重试剂的纯度。而食品添加剂的特殊性在于它需要与食品一起进入人体，与人体的健康、安全息息相关。因此，它的重点不仅是产品的纯度，更需要保证产品的食用安全性及对人体的无危害性，所以需要对产品中的各项危害因素进行控制。

食品添加剂指在食品生产、加工、制备、处理、包装、运输或封存过程中，为了达到某种期望的结果，不管其是否具有营养价值，直接或间接地加入如保水剂、保鲜剂、防腐剂、着色剂、酸度调节剂、亚硝酸盐等。

食品辅助剂是指食品处理或加工过程中为了完成技术目标而使用的原料、食品或其他成分，且在使用过程中不可避免地造成最终产品的衍生物或其他残留的物质。

食品添加剂作为食品中特殊的添加物，被广泛应用于食品生产加工中，由于它们大多属于化学合成物或动植物提取物，其安全问题历来为世界各国和国际组织所重视。早在1956年，国际上就开始了这方面的研究。联合国食品法典委员会制定了包括《食品添加剂通用标准》（GS-FA）、产品标准、生产规范和准则在内的多部法律规范，以保证消费者健康。

二、天然毒素类和天然过敏物质

天然毒素是食品安全中化学危害的一个重要方面。因化学加工、人为添加及环境污染所导入食品中的有毒化合物，容易被认识和预防，而许多以食品的天然组分形式存在的天然毒素，不容易被认识和确定，且有的毒性巨大，从而对健康威胁更大。

天然过敏物质是指能引起特定群体过敏反应的、食品本身所含有的正常成分，如大豆蛋白、虾蛋白、羊肉中的致敏物质等。

毒素的主要来源：①食品中自然存在；②有意和无意添加于食品中的添加物及环境污染物；③细菌、病毒、真菌和寄生虫产生的病原体等。

破坏有益菌群会引起代谢紊乱，或通过胃肠道吸收后作用于中枢神经等使摄取者中毒，甚至危及生命。具体表现为：①胃肠道刺激；②在一些重要器官的疾病中充当抗原和病原；③辅助抗原，形成辅抗原，改变免疫响应过程；④错误地活化巨噬细胞，导致人体对过氧化物的有害选择；⑤干扰细胞外传导；⑥引发细胞内突变；⑦引发肿瘤和癌症；⑧作为表面活性剂诱发细胞内自由基。

三、其他化学污染物的危害

（一）化学性污染

化学试剂生产过程中，工厂化学药品（如润滑油、清洁用产品、消毒剂和油漆等）的使用，会通过与产品的接触而残留在最终产品中。另外，非食品包装材料和包装容器也会通过与食品的接触，使有毒、有害的化学物质被带入食品中。若将这些带有化学性污染物的化学试剂产品代替食品添加剂使用，会导致这些物质进入食品中，造成对人体的过敏反应与致畸等各种伤害。

（二）生物性污染

化学试剂生产前，工人未洁净衣物、手等便直接进行生产操作，会将人体所携带的细菌、病毒、寄生虫等通过原料而带入产品中，如甲型肝炎病毒（HAV）、李斯特菌、副溶血性弧菌口蹄疫病毒（FMDV）、大肠杆菌、金黄色葡萄球菌，这些病毒常常通过手、足、黏膜等感染而携带于人体上。如果缺乏完备的防蝇、防虫、防鼠设施，也会使得虫蝇鼠所携带的细菌污染产品。

（三）物理性污染

疾病和伤害也可能是由外源性锐利物质造成的。对于细小金属、玻璃碎片、石头等物质，如果化工厂未严格控制，这些物质可能在化学试剂生产过程的多个环节带入产品中，使产品受到物理性污染。

食品中的食品添加剂与辅助剂类、天然毒素类、天然过敏物质类及其他化学污染物，对人体健康存在安全隐患。所以，各种食品的生产企业必须选用获得食品卫生许可证的生产企业生产的产品为原料，不允许使用化学试剂代替食品专用食品添加剂。[①]对于暂时无食品添加剂或食品级的原料，可选用符合相关法律法规要求的产品，以保证生产的食品符合安全卫生要求，进而保障消费者身体

① 赵艳俐. 供港蔬菜物流的安全与风险[J]. 物流工程与管理，2013（04）：35-36.

健康。

万物皆有“毒”，关键在剂量。即使食物里真的被检出致癌物或毒物，也并不意味着吃该食物就一定会致癌或中毒，不能断然宣称其为致癌食物或有毒食物。众多谣言的共同点是脱离“量”的概念讲毒性，实际上，即使是无毒食品，过量食用也有害。

第三节　物理性危害因素

物理性危害是指由物理因素引起的食品安全问题。常见的物理因素主要包括放射性污染和杂志污染等。这些物理因素可能在食品生产、加工和包装过程中意外混入食品中，如果被误食可能导致窒息、刺伤或其他伤害。

一、放射性污染

放射性污染是指由于人类活动造成物料、人体、场所、环境介质表面或内部出现超过国家标准的放射性元素或射线。放射性污染物中常见的放射性元素包括镭、铀、钴、钋等。

放射性污染都有可能给人体和环境带来严重危害，需要采取相应的防护措施。在特殊环境下，放射性元素可能通过动物或植物富集而污染食品，进而对人体健康产生危害。

食品放射性污染是一个非常严重的安全问题。当食品受到放射性物质的污染时，它会变得不适合人类消费。这种污染可能来自天然放射性矿物质，也可能是人为因素造成的。放射性物质会对人体的细胞和组织造成损害，长期摄入可能导致严重的健康问题，甚至危及生命。

二、杂质污染

杂质是食品中不应有的物质，它们可能是在食品生产、加工、储存或运输过程中混入的。这些杂质可能是金属碎片、玻璃碎片、塑料碎片等。如果人们食用了含有这些杂质的食品，可能会受到物理伤害，如划伤消化道，或者这些硬质物质可能在体内造成更严重的伤害。

在预防和控制食品杂质污染方面，可以采取以下措施：一是改进工艺设备。选用符合国家标准的设备和工艺，避免因设备问题造成杂质混入食品中。二是完善卫生设施。建立完善的卫生设施和卫生管理制度，以确保食品在加工、运输、储存、销售等环节中的卫生质量。①三是树立卫生质量意识。加强员工培训，提高员工的卫生质量意识和操作技能，确保每个环节都严格把关。四是加强监管。相关监管部门应加强对食品生产和销售的监管，确保食品安全和质量符合国家标准。

对于杂质，食品生产和销售商需要严格控制食品加工和储存的条件，确保食品在这个过程中不会混入杂质。同时，也需要对食品进行定期的检测，如果发现杂质，应立即停止销售并召回受影响的食品。

为了确保食品安全，防止物理性危害，我们需要采取一系列措施。对于放射性污染，需要加强对食品来源的监管，避免食品来自可能受到放射性污染的地区。同时，需要加强对食品的检测，确保食品中的放射性物质含量符合安全标准。

在食品安全风险评估的危害识别中，相比于化学性安全危害与生物性安全危害，物理性安全危害更容易进行风险分析和预防，通常不作为风险危害评估的重点。但这些物理性危害仍然需要引起足够的重视，以保障消费者的饮食安全。

为了预防物理性危害，食品加工和储存过程中应该采取措施，确保食品中不含有这些有害物质。此外，消费者在购买食品时也需要注意检查食品的包装和标签，确保食品的质量和安全。

---

① 黄剑龙.农产品质量安全检验检测体系建设策略浅析[J].食品安全导刊，2022（19）：178−180.

第三章　食品安全及其质量控制

食品安全是重大的民生问题，在政府部门的有效监管下，我国食品安全形势总体上是稳定的，其质量控制作为第三方检测机构的生命线，也至关重要。基于此，本章围绕食品安全及其重要性、食品加工企业的安全控制、认证食品的质量控制展开论述。

第一节　食品安全及其重要性

食品安全包括从食品的初级生产、加工、包装、贮藏、运输、销售等直到最终消费的所有环节，也包括食品卫生、食品质量、食品营养等相关方面的内容。其不仅统一了各环节、各部门的准入条件、相关法规标准内容等，也避免了同一企业在同一环节的卫生、质量等多要素的重复管理。

一、食品安全性与风险

风险是一个应用较广的概念，可简单地理解为人所不欲事件发生的概率或机会的多少。风险有大小，有一些是可以度量的，如保险公司的经营项目，而有一些只能根据风险评价结果给予估算，如食品成分的风险等。

现实生活中并不存在无风险或零风险的事，关键在于消费者接受什么样的风险。对可能的风险和获益进行综合平衡，权衡得失利害，并作出合理的取舍和符合实际的决策。食品生产、加工、储存、销售过程中使用的农药、兽药、添加剂及其他化学品，可能为消费者带来一定的风险，但不用这些化学品又会增加别的风险，如病虫滋生使食品中某些致病的微生物、生物毒素、寄生虫增多，食品的质量和数量严重下降，食品的营养和品位不佳，食品价格上涨等。作为消费者，只能根据条件选择接受哪一种风险。对风险与获益两个方面全面的认识与理解，是确保食品安全性对策合理的前提。其中，对食品中可能含有的危害成分的风险评价及其相应的风险控制，则是一项基础性工作，需要严格的方法、技术、工作程序和机构上的支持与保证。

二、食品安全性与目标消费者

在食品的生产、加工和销售等过程中，目标消费者是企业赖以生存的根本，处于整个食品链条的最终位置，也是中心地位。保证最终消费者的食用安全是每个食品企业的最终使命与责任，不同消费者所面临的食品安全问题不同，其对食品安全性的要求也不同。

第一，普通大众。该类人群是大部分食品的主流消费群体，对食品的安全、质量特性一般无特别附加的要求，产品只要符合一般标准，不会发生食品质量安全事故即可。

第二，婴幼儿。针对该目标消费者的食品，应适合婴幼儿的生理特点和营养需要。婴幼儿通过该类食品完成其主要营养的供给，关系其一生的生长发育状况。因此，该目标人群对食品的要求较一般普通大众更为严格，对其食用的产品质量与安全的控制需要特别加以关注。在制定各种农药残留限量标准时，对婴幼儿是给予特别保护的。

第三，弱势群体。该类人员主要包括老人、病人、敏感人群以及其他一些在自身条件上处于一定劣势的群体。弱势群体对食品提出了不同于普通大众的要求，包括对产品配方成分、加工工艺等的限制。如糖尿病病人要求其消费的食品中不能含有糖分；缺钙的老人或儿童要求其消费的食品的含钙量高于普通食品；鱼、蟹类水产品经合理的加工制作后适量食用，对多数人来说是没有安全问题的，但是对一些对此类产品容易过敏的人来说就是安全危害。

第四，食品零售商。该类消费者在食品的安全质量特性要求上会更多地从包装、销售、流通、贮藏等环节进行考虑。

第五，食品加工商。该类消费者主要对食品原料的控制提出要求，食品原料需要进行再加工，考虑到生产工艺、成本控制等因素，食品加工商会更多地关注初级生产中种植、养殖等环节可能产生的食品安全危害。

三、食品安全管理的重要性

食品质量安全涉及千家万户，是老百姓生存最基本的要求，食品质量安全没有保证，人民群众的身体健康和生命安全就没有保证，和谐社会也就无从谈起。食品是人类赖以生存和发展的最基本的物质条件，食品安全涉及人类最基本权利的保障。在我国国民经济中，食品工业是最古老而又永恒的产业，食品是一种与人类健康有着密切关系的特殊有形产品，具有特殊性和重要性。随着我国经济的不断发展，食品种类越来越丰富，产品数量供给充足有余，在满足食品需求供给平衡的同时，食品质量安全问题越来越突出。加强食品安全监管，关系全国人民“舌尖上的安全”，关系广大人民群众的身体健康和生命安全。因此，各级党委和政府要将食品安全作为一项重大政治任务来抓，要严字当头，严谨标准、严格监管、严厉处罚、严肃问责；要坚持源头严防、过程严管、风险严控，完善食品药品安全监管体制，加强统一性、权威性。

加强食品安全管理的重要性体现在以下几个方面。

第一，加强流通环节的食品安全监管是整顿市场经济秩序的客观要求。应深入开展食品药品安全专项整治行动，健全并严格执行产品质量安全标准。要在全国开展整顿和规范市场秩序的专项行动以及“质量和安全年”活动。各行各业都要加强全员、全过程、全方位的质量和安全管理；各级工商机关要扎扎实实开展包括食品安全专项整治行动在内的市场经济秩序整顿工作，严厉打击各类违法违规交易行为，切实保障广大人民群众的身体健康。

第二，加强流通环节的食品安全监管是化解社会矛盾、维护社会稳定的必然要求。规范食品经营，依法查处食品经营违法违规行为，维护消费者的合法权益，妥善解决人民群众食品消费或服务过程中出现的矛盾，畅通消费者有关食品质量安全的申诉、投诉和举报渠道，及时协调消费者与经营者之间的纠纷，妥善处理消费争议，维护消费者的合法权益，是贯彻落实《中华人民共和国食品安全法》的重要内容。

第三，加强流通环节的食品安全监管是依法行政的重要内容。目前，市场巡查、市场预警、市场信用分类监管、个体工商户分层分类监管等是工商机关进行农村食品市场监管的主要方式。各地工商机关应在实践中进一步完善监管方式，做到规则明确、程序合法、步骤完备，针对不同情况组合应用，形成整体监管合力。

第四，开展专项整治行动是整顿食品市场秩序的重要手段。在加强食品市场日常监管工作的同时，工商机关还应加强对专项整治行动的全面规划部署工作，按照“标本兼治、着力治本”的工作方针，把整治与规范、当前与长远、专项整治与日常监管有机结合起来，除专项整治行动外，逐步将元旦、春节、元宵节、清明节、端午节、“五一”、“十一”、中秋节等节假日期间的专项检查纳入规范化的管理轨道，建立食品安全监管长效机制。

总之，加强食品质量管理具有重大的意义，食品企业的管理人员、技术人员和工作人员都应懂得食品质量管理的基础知识，从整体上把握质量管理的共性，以便更好地学习和应用先进科学的质量管理方法，全面提高企业的质量管理水平。保证食品的质量不仅是食品企业参与市场竞争的利器，也是对广大消费者认真负责的重要表现，更是提高企业形象、树立良好品牌的重要途径。

第二节　食品加工企业的安全控制

一、粮食类加工企业的安全控制

（一）豆制品生产企业安全控制

1.前提方案制订

（1）基础设施与维护

企业应满足国家标准的要求，出口企业还应满足出口食品企业卫生注册的要求和进口国的相关法规要求。

第一，厂区。豆制品生产企业应建在气候干燥、交通方便、有充足水源的地方，同时应远离倒粪站、垃圾箱、公共厕所及其他有碍食品卫生的扩散性污染源，厂区内不得兼营、生产、存放有碍食品卫生的其他产品和物品。厂区道路应便于机动车通行，防止积水及尘土飞扬，采用便于清洗的混凝土、沥青或其他硬质材料铺设。

厂区内污水处理设施、锅炉房、储煤场等应当远离生产区域和主干道，并位于主风向的下风向。废弃物暂存场地应远离豆制品生产车间，在生产场所内必须配备密闭的废弃物专用存放容器，豆渣等废弃物必须采用专用密闭容器存放，不得外泄，及时清除，并及时运出厂外。

第二，厂房。厂房应结构合理、牢固且维修良好，其面积应与生产能力相适应，应有防止蚊、蝇、鼠、其他害虫以及烟、尘等环境污染物进入的设施。厂房要合理布局，应有与生产产品相适应的原料库、加工车间、成品库、包装车间，生产发酵豆制品的企业应有相应发酵场所。生产场所应与生活区分开，生产区应在生活区的上风向，必要时，应在厂区内的适当位置设立工器具的清洗消毒区域。

第三，豆制品生产车间。车间面积应当与生产能力相适应，生产设施及设备布局合理，便于生产操作；物料走向要顺流，避免成品与再制品、原料混杂而受污染，原辅材料、半成品、成品以及废弃物进出车间的通道应当分开。

车间地面应采用不渗水、不吸水、无毒、防滑的材料铺砌，表面平整无缝隙，并有适当的坡度和良好的排水系统，易于清洗和消毒。车间墙壁应采用浅色、不渗水、不吸水、防霉、无毒材料涂覆，并用白瓷砖或其他防腐材料装修高度不低于1.5m墙裙，墙角与地面交界处呈弧形，防止污垢积存并便于清洗。车间屋顶和天花板应选用不吸水、表面光洁、防霉、耐高温、耐腐蚀的浅色材料装修，并有适当的坡度、距离地面3m以上，以减少凝结水滴、防止虫害和霉菌滋生，便于洗刷、消毒。

车间的门窗应有防蚊蝇、防尘设施，窗台要在地面1m以上，内侧下倾45°。车间通风和消毒：由于豆制品加工车间温度较高，必须有良好的通风措施，采用自然通风时通风面积与地面面积之比不少于1：16；采用机械通风时换气量每小时不少于3次，主要生产车间必须配有相应的消毒措施。

生产、加工直接入口食用豆制品，应当采用全自动灌装设备或设立包装专间。包装车间的面积应当与包装产品的数量相适应，车间的地面和墙面应使用便于清洗的材料，车间内应配备空气消毒设施、流动水（净水）装置、防蝇防尘设施、清洗消毒设施等，应当定期对车间进行空气消毒，操作时包装车间内温度不得高于25℃，入口处应设置二次更衣室。

培菌室、发酵室地面要严整，便于清洗，有1.5m以上墙裙，天花板涂防霉漆，保持室内卫生，发酵瓶、罐要垫高放置，周围环境和室内空气要清洁。更衣室应设在车间入口处，且与洗手消毒处相邻。更衣室内设更衣柜，距离地面20cm以上，有适当的照明且通风良好，卫生间门窗不得直接开向车间，排污管道应与车间排水管道分设，且有可靠的防臭气水封。

第四，卫生设施。应在适当而方便的地点（车间对外出入口、加工场所内、卫生间等）设置足够数目的洗手、消毒、冲洗及干手设备，配备有清洁剂和消毒液。洗手龙头应当非手动开关，并有简明易懂的洗手方法标示。在加工车间的入口处应设有鞋靴消毒池（若使用氯化物消毒剂其余氯浓度应大于200mg/kg）。

第五，生产设施。豆制品生产企业根据产品的不同，应配置相应的生产设备，如原料处理设备、制浆设备（磨浆机、煮浆罐等）、蒸煮设备、成型设备（压榨机、切块机等）、发酵设施、干燥设施（烧煮、油炸等）、熏制设施、挤出机、包装设施、冷藏设施等。所有用于食品处理及可能接触食品的设备与用具，应由无毒、无臭味或异味、非吸收性、耐腐蚀且可经受重复清洗和消毒的材料制造。如因生产工艺需要必须使用竹木器具及棉麻制品，则应有充分的依据，并制定防止产生危害的控制措施，以免污染食品。

加工车间内应设置清洗生产场地、设备以及工器具的移动水源，移动水源软质水管上设置的喷头或水枪不得落地。接触直接入口食用豆制品的容器和工具应当有明显标志，使用前应严格消毒。

车间内的照明设施应装有防护罩、照度应满足操作要求，生产场所的照度在220lx以上，检验场所的照度在540lx以上。豆制品生产加工用水必须符合有关要求，对储水池应定期清洗、消毒，保持卫生。车间内应有畅通的排水系统，水流应当从高清洁区向低清洁区流动，排水沟底部应有一定弧度，便于清洁，并有一定的坡度。在排水口应设置网罩，防止鼠、虫害的侵入。废水应排至废水排放系统，或经其他适当方式处理，符合国家规定的排放标准。

第六，通风设施。车间内根据需要安装空气调节设施或通风设施，以防止室内温度过高、蒸汽凝结并保持室内空气新鲜或及时排除潮湿和污浊的空气。厂房内的空气调节、进排气或使用风扇时，其空气应由高清洁区流向低清洁区，防止食品、生产设备及内包装材料遭受污染。排气口应装有易清洁、耐腐蚀的网罩，防止有害动物的进入，进气口必须距地面2m以上，远离污染和排气口，并设有空气过滤装置，通风排气装置应易于拆卸清洗、维修或更换。

第七，辅助设施。应根据原辅料、半成品、成品、包装材料等性质不同分设贮藏场所。豆类原料应贮存在干燥、通风、清洁卫生的库内，易腐败变质的成品豆制品应做到低温冷藏。原材料仓库和成品仓库应分别设置，同一仓库内存放不同品种的豆制品时，应分类存放，标识明显，离地隔墙（20cm以上），仓库内设置防鼠、虫害装置。有温度控制要求的库房，应安装可正确显示库内温度的温度计，并定期校准。

应制订设备、设施的维修保养计划，根据设备的性能和重要程度进行分类管理，明确责任，对设备的日常保养、润滑、定期检修、大修各负其责，以确保设备的正常运转和使用。

（2）其他前提方案

第一，接触原料、半成品、成品或产品的水应当符合安全卫生要求。

第二，接触产品的器具、手套和内外包装材料等应清洁、卫生和安全。

第三，确保食品免受交叉污染。

第四，保证与产品接触的操作人员必须清洗消毒，并保持卫生间设施的清洁。

第五，防止润滑剂、燃料、清洗消毒用品、冷凝水及其他化学、物理和生物等污染物对食品造成安全危害。

第六，正确标注、存放和使用各类有毒化学物质。

第七，保证与食品接触的员工的身体健康和卫生。

第八，对鼠害、虫害实施有效控制。

第九，控制包装、储运卫生。

2.关键过程控制

（1）原辅料控制

企业应编制文件化的原辅料控制程序，明确原料标准、采购与验收要求，并形成记录，定期复核。原辅料应符合相关法律法规、食品安全标准要求。所有原辅料应按规定的验收要求进行验收，并关注其安全卫生指标（如农残、重金属等）。进口原料必须持有出入境检验检疫局的卫生合格证明。

第一，原料要求。食品添加剂应选用允许使用的食品添加剂，并应符合相应的食品添加剂产品标准。投放时应建立记录并由专人现场复核。食品添加剂新品种应符合《食品添加剂新品种管理办法》的规定，药食同源的食品应符合国家相应法律法规和标准的要求。

第二，采购控制。企业应制定选择、评价和重新评价供方的准则，对原料、辅料、容器、包装材料的供方进行评价、选择。企业应建立合格供方名录。进口原料必须持有进出口检验检疫局的卫生证明。所有原辅料应按规定的验收要求进行验收，并关注其安全卫生指标（农残、重金属等）。

第三，贮存。豆类原料仓库应保证通风、干燥、清洁卫生，并注意先进先出。熏蒸时应按照规定要求进行，并防止二次污染。

（2）煮浆

煮浆时应严格控制加热温度、时间，使豆浆完全煮熟，确保脲酶失活。

（3）发酵

菌种培养、接种或制曲、成曲，包括发酵期都应严格按工艺要求操作，控制温度、湿度，培菌室、发酵室应定期进行消毒。

（4）豆沙、豆蓉类产品的去石、去金属异物、杀菌

豆沙、豆蓉类产品的去石、去金属异物、杀菌应有相应措施，确保产品中的沙石、金属等异物得到控制。豆沙、豆蓉类产品在灌装封口后进行杀菌，杀菌工艺应根据不同产品做工艺验证，对杀菌温度、时间作明确规定。

（5）豆腐再加工制品的油炸

产品煎炸用油应使用符合相关规定的食用植物油，煎炸用油应定期更换新油。煎炸油的使用时间、更换频率应经过工艺验证，其卫生指标应符合有关要求。

（6）贮存

成品所使用的容器应符合食品卫生要求。成品应贮存在干燥、通风良好的场所，不得与有害、有毒、有异味、易挥发、易腐蚀的物品同处贮存。需低温保藏的产品应控制保藏的温度。

（7）烘干

进行烘干时，应控制烘干的温度、时间，防止霉变。

（8）杀菌

应控制杀菌温度和时间，根据不同产品做工艺验证，以确保产品安全。

3.产品检测要点

第一，企业应设有与检验检测工作相适应的安全卫生检验机构，包括与工作需要相适应的实验室、设备、人员、检测标准、检测方法、各种记录。

第二，实验室应有独立的、与实际工作相符合的文件化的实验室管理程序。

第三，实验室检验人员的资格、培训应能满足要求。

第四，实验室所用化学药品、仪器、设备应有合格的采购渠道、存放地点，必备的出厂检验设备应符合相应产品标准的检验要求。

第五，委托社会实验室承担豆制品生产企业卫生质量检验工作时，受委托的社会实验室应当具有相应的资质，且具备完成委托检验项目的实际检测能力。

（二）谷物加工企业安全控制

1.前提方案制订

第一，厂区环境和布局。谷物磨制品生产企业应建在交通方便、水源充足，远离粉尘、烟雾、有害气体及污染源的地区，其生产场所、必备的生产设备应满足国家市场监督管理总局制定的相关要求。

厂区主要道路和进入厂区的道路应铺设适于车辆通行的坚硬路面，如混凝土或沥青路面。道路路面应平坦、无积水。厂区内应进行合理绿化，保持环境整洁，并有良好的防洪、排水系统。生产区域应与生活区域隔离。生产区域内厂房与设施必须根据工艺流程、环保和食品卫生要求合理布局。

生产区域内凡使用性质不同的场所（谷物仓、精选间、碾米或磨粉间、包装间等），应分别设置或加以有效隔离。包装场所应分设谷物成品包装室和副产品包装室，并加以有效隔离。厂区内锅炉房、储煤场等应当远离生产区域和主干道，并位于主风向的下风处。

厕所应是水冲式，并设有洗手设施，厂内应设有与职工人数相适应的淋浴室。存放废弃物的暂存场地，要远离生产车间、原粮和成品库，并要随时消毒。企业应对虫害和鼠害进行控制，灭虫、灭鼠措施不得对产品安全造成新的危害，厂区内应禁止饲养家禽、家畜及其他动物。

第二，生产车间：①地面应平整、光洁、干燥；②内墙和天花板应采用无毒、不易脱落的装饰材料；③门窗应完整、紧密，并具有防蝇、防虫、防鼠功能；④车间内应有通风设施，防止粉尘污染；⑤与被加工原料直接接触的零部件材料应选用无毒、无害、无污染材料；⑥生产设备与被加工原料接触部位不应有漏、渗油现象；⑦生产设备使用的润滑油不应滴漏于车间地面；⑧应定期清理生产设备中的滞留物，防止霉变；⑨设备和管道应严密，防止粉尘外扬；⑩更衣室应与生产车间相连，更衣室内应每人配备更衣柜；⑪车间入口处应配备适当的、符合卫生要求的洗手设施，直接接触产品的工作人员应按要求洗手。

第三，附属设施。应有与生产能力相适应、符合卫生要求的原辅材料、化学物品、包装物料、成品的贮存等辅助设施，并要求与生产车间分离。

第四，成品贮藏和运输。谷物磨制成品应存放在专用仓库内，以保持仓库环境的卫生、清洁、干燥、通风。库内不得存放其他物品。仓库内地面须设铺垫物。成品垛应离地离墙。不同品种、不同加工批次的成品应分别垛放。运输用的车辆、工具、铺垫物应清洁卫生、干燥，不得将成品与污染物品同车运输，运输中要防雨淋、防暴晒、防灰尘。

2.关键过程控制

（1）原辅料验收

企业应编制文件化的原辅料控制程序，建立原辅料合格供方名录，制定原辅料的验收标准、抽样方案及检验方法等，并有效实施。采购的原辅料应符合相关要求、相应原粮的质量标准以及顾客、出口产品输入国相关法规要求，不得使用陈化粮。每批原粮经验收合格后，方可使用。原粮应贮存在阴凉、通风、干燥、洁净并有防虫、防鼠、防雀设施的仓库内。

（2）内包装材料的控制

应建立与产品直接接触内包装材料合格供方名录，制定验收标准，并有效实施。内包装材料接收时应由供方提供安全卫生检验报告，当供方或材质发生变化时，应重新评价，并由供方提供检验报告。

（3）食品添加剂的控制

加工过程使用的食品添加剂应符合相关规定。食品添加剂应设专门场所贮存，由专人负责管理，记录使用的种类、许可证号、进货量和使用领料量，以及有效期限等。添加剂使用时应及时监测生产过程中的添加数量，对混配设施应定期检查检修，以保证添加剂混合均匀。

（4）谷物的清理

磨制原粮必须经过筛选、磁选、风选、去石等清理过程，以去除金属物、砂石等杂质。风网系统的设备、除尘器、风机管理应合理组合，使之处于最佳工作状态。要根据不同的设备组合要求，选择最佳的工艺参数，以达到除杂效果。生产过程中要多次测量工艺参数和除杂结果，保证成品中限度指标（灰分、含砂量、磁性金属物、矿物质、不完善粒、黄粒米等）符合相应要求。

（5）碾米或研磨

在谷物碾米、抛光或研磨制粉加工过程中，应制定合理的工艺与技术要求，控制谷物着水量及润水时间，防止谷物产品水分超标。谷物研磨制粉过程中应经常检查研磨设备的工作状态和研磨效果，及时更换磨辊或检修，尽可能降低产品中由于机器磨损产生的磁性金属物含量。制粉车间、打包间或成品库内清扫的土面不得回机，凡含有在生产过程中不能确定和有效清除污染物的谷物成品、半成品、退换品不得回机处理。磁选设备应定期清理，以保证磁选效果。对色选、检查（保险）筛应合理制定工艺与技术要求，并加强监控，保证效果。

（6）糙米发芽、干燥过程控制

生产发芽糙米应制定合理的工艺与技术参数要求，控制浸泡、发芽温度与时间。如需加工成干制品，应合理运用干燥设备及工艺参数。

（7）啤酒麦芽发育过程控制

啤酒麦芽生产应严格控制发芽过程的温度、湿度、通风及设施、设备与环境的卫生。高温、高湿季节，应采取有效措施控制发芽过程的微生物繁殖。啤酒麦芽发芽过程中采取的控制措施应符合相关法律、法规及标准要求，不得对食品造成安全危害。

（8）产品包装

产品的包装过程应保证产品的品质和卫生安全，避免杂质、致病微生物及断针等金属物污染成品。

3.产品检测要点

（1）企业应有与生产能力相适应的内设检验机构，并具备相应资格的检验人员。

（2）企业内设检验机构应具备检验工作所需要的检验设施和仪器设备，检验仪器应按规定进行检定或校准。

（3）企业委托外部实验室承担检验工作的，该实验室应具有相应的资质。

（4）产品抽样应按照规定的程序和方法执行，确保抽样工作的公正性和样品的代表性、真实性，抽样方案应科学；抽样人员应经过专门的培训，具备相应的能力。

二、肉蛋类加工企业的安全控制

（一）肉及肉制品生产企业安全控制

1.前提方案制订

肉类屠宰生产企业设备设施的布局、维护保养应符合有关要求。

2.关键过程控制

（1）对供宰动物的要求

供宰动物应来自经国家主管部门备案的饲养场，饲养场实施了良好农业规范和良好兽医规范管理，出场动物附有检疫合格证明。

（2）肉制品加工的原料、辅料的卫生要求

第一，原料肉应来自定点的肉类屠宰加工生产企业，附有检疫合格证明，并经验收合格。

第二，进口的原料肉应来自经国家注册的国外肉类生产企业，并附有出口国（地区）官方兽医部门出具的检验检疫证明副本，以及进境口岸检验检疫部门出具的入境货物检验检疫证明。

第三，辅料应具有检验合格证，并经过进厂验收合格后方准使用。原料、辅料专库存放。食品添加剂的使用要符合有关规定，严禁使用未经许可或肉制品进口国禁止使用的食品添加剂。

第四，超过保质期的原、辅材料不得用于生产加工。

第五，原料、辅料、半成品、成品以及生、熟产品应分别存放，防止交叉污染。

（3）宰前检验

屠宰动物应充分清洗干净，以保证屠宰和加工卫生。屠宰动物的存放环境应该能最低限度地减少食源性病原微生物的交叉污染，并且有利于有效地屠宰和加工。屠宰动物首先应进行宰前检验，其采用的程序和使用的检验手段应具有权威性。宰前检验应建立在科学和风险分析的基础上，并要包括初级生产所有的相关信息，对宰前检验的结果进行分析后将其反馈给初级生产。

（4）宰后检验

动物宰后检验应根据动物饲养初级生产和宰前检验信息，结合对动物头部、胴体和内脏的感官检验结果，判定其用于人类消费的安全性和食用性。

（5）其他方面的控制

第一，粪便、奶汁、胆汁等可见污染物的控制。肉类屠宰生产企业应控制胴体的粪便、奶汁、胆汁等肉眼可见污染物为零。

第二，鲜肉微生物的控制。肉类屠宰加工生产企业应根据产品的卫生要求，建立具有相应检测能力的实验室，配备有资质人员进行微生物学检测，定期或不定期对产品生产的主要过程（涉及食品卫生安全）进行监控，发现问题及时纠正，以满足成品的卫生要求。

第三，肉制品中致病菌的控制。肉类及其制品中不得检出致病菌，如沙门菌、致病性大肠杆菌、金黄色葡萄球菌和单核细胞增生性李斯特菌等。

第四，物理危害的控制。生产企业需配备必要的检测设备以控制物理危害，如X光仪、金属探测仪等。

第五，化学危害的控制。生产企业应充分考虑原料和加工过程（配辅料，注射或浸渍）中可能引起的化学危害（农兽药残留、环境污染物、添加剂的滥用等）并加以有效控制。

3.产品检测要点

第一，应有与生产能力相适应的内设检验机构和具备相应资格的检验人员。

第二，内设检验机构应具备检验工作所需要的标准资料、检验设施和仪器设备；检验仪器应按规定进行计量检定。

第三，委托社会实验室承担检测工作的，该实验室应具有相应的资格。

第四，产品应按照相关产品国家、行业等专业标准要求进行检测判定。

第五，最终产品微生物检测项目包括常规卫生指标（菌落总数、大肠菌群）和致病菌。

（二）蛋及蛋制品生产企业安全控制

1.前提方案制订

第一，厂区环境。企业不得建在有污染源、有碍食品卫生的区域；厂区周围应保持清洁卫生，交通便利，水源充足；厂区路面平整、无积水，主要通道应铺设水泥等硬质路面，空地应绿化。

厂区排水系统畅通，地面不得有积水和废弃物堆积，生产中产生的废水、废料等废弃物外排、处理、存放，都应符合国家环保法律法规的要求。厂区建有与生产能力相适应的符合卫生要求的原料、辅料、化学物品、包装物料贮存等辅助设施和废物、垃圾暂存设施。厂区内不得有裸露的垃圾堆，不得有产生有害（毒）气体或其他有碍卫生的场地和设施。

厂区内不得生产、存放有碍食品卫生的其他产品。

厂区内禁止饲养与生产无关的动物。工厂须有虫害控制计划、灭鼠图，定期灭鼠除虫。厂区应布局合理，生产区与生活区应分开，生活区对生产区不得造成影响。锅炉房、储煤场所、污水及污物处理设施应与加工车间相隔一定的距离，并位于主风向的下风处。锅炉房中的脱硫除尘设施应符合国家环保法律法规的要求。厂区卫生间应当有冲水、洗手、防蝇、防虫、防鼠设施，墙壁及地面易清洗消毒，并保持清洁。

各类原料进厂、人员进出、成品出厂相互之间应避免发生交叉污染。必要时，厂区应设有原料运输车辆和工具的清洗消毒设施。工厂的废弃物应及时清除或处理，避免对厂区生产环境造成污染。

第二，车间和设施设备。车间面积应与生产能力相适应，生产车间结构和设备布局合理，并保持清洁和完好。车间出口、与外界相连的车间排水出口和通风口应安装防鼠、防蝇、防虫等设施。

清洁区和非清洁区应严格隔离，防止交叉污染。不同清洁区域应分设工器具清洗消毒间，清洗消毒间应备有冷、热水及清洗消毒设施和适当的排气通风装置。

车间地面应采用防滑、坚固、不透水、耐腐蚀的无毒建筑材料，并保持一定坡度，无积水，易于清洗消毒。车间内墙壁、屋顶或者天花板应使用无毒、浅色、防水、防霉、不脱落、易于清洗的材料修建。墙角、地角、顶角应采取弧形连接，易于清洁。车间门窗用浅色、平滑、易清洗、不透水、耐腐蚀的坚固材料制作，结构严密；非封闭的窗户应装设纱窗；车间窗户不应有内窗台，若有内窗台的，内窗台台面应下斜约45°。

车间入口处设有洗手和鞋靴消毒设施及洗手规范示意图，洗手消毒设施应与加工人员数目相适应，备有洗手用品及消毒液和符合卫生要求的干手用品。水龙头为非手动开关，宜备有温水。必要时应在车间内适当位置设有适当数量的洗手消毒设施。设有与车间相连接的卫生设施，包括更衣室、卫生间、淋浴间等，其设施和布局不得对车间造成潜在的污染。

卫生间的门应能自动关闭，门、窗不得直接开向车间，且关闭严密。卫生间的墙壁和地面应采用易清洗消毒、不透水、耐腐蚀的坚固材料。卫生间的面积和设施应与生产人员数量相适应，且要有洗手和干手设施，每个便池设施应设冲水装置，便于清洗消毒。卫生间内应通风良好、清洁卫生。

不同清洁程度要求的区域应设有单独的更衣室，个人衣物（鞋、包等物品）与工作服应分别存放，以免造成交叉污染。更衣室的面积和设施应与生产能力相适应，并保持通风良好。更衣室内宜配备更衣镜、不靠墙的更衣架和鞋架。更衣室内有更衣柜的，应采用不易发霉、不生锈、内外表面易清洁的材料制作，保持清洁干燥。更衣柜应有编号，便于清洗消毒，还应配备空气消毒设施。

生产工艺有要求时，在车间内适当位置设有缓冲间（或区域）。工艺有要求时分设内外包装间，内包装间应备有消毒设施。有温度要求的工序和场所应安装温度显示装置，并采用电脑或手工记录。车间温度按照产品工艺要求控制在规定的范围内。

第三，水的供应。供水能力应与生产能力相适应，确保加工水量充足。加工用水（冰）应符合国家生活饮用水标准或其他相关标准的要求。如使用自备水源作为加工用水，应进行有效处理，并实施卫生监控。企业还应备有供水网络图。企业应定期对加工用水（冰）的微生物进行检测，按规定检测余氯含量，以确保加工用水（冰）的卫生质量，每年对水质的公共卫生检测应不少于两次。加工用水的管道应有防虹吸或防回流装置，不得与非饮用水的管道相连接，并要有标识。储水设施应采用无毒、无污染的材料制成，并有防止污染的措施，同时应定期清洗、消毒，避免加工用水受到污染。

2.关键过程控制

（1）原辅料控制

第一，原辅料的接收和检验。原料蛋应采用来自非疫区、健康、完好的禽蛋，每批原料应有产地动物防疫部门出具的兽医检疫合格证明。兽药与农药残留以及其他有毒、有害物质含量应符合我国法律、法规要求。应建立原辅料合格供方名录及可追溯系统，制定原辅料的验收标准、抽样方案及检验方法等，并有效实施。每批原辅料经验收合格后，方可使用。

第二，原辅料的运输和贮藏。原料蛋进厂、人员进出、成品出厂相互之间应避免发生交叉污染，必要时厂区应设有原料运输车辆和工具的清洗、消毒设施。经验收合格的原料蛋，应存放于阴凉、干燥、通风良好的场所，如保鲜贮存，库温为-1℃～0℃。不得与有毒、有害、有异味、易挥发、易腐蚀的物品同处贮存。原料使用应实行先进先出的原则。

（2）内包装材料的控制

应建立与蛋制品直接接触的内包装材料合格供方名录及可追溯程序，制定验收标准，并有效实施。内包装材料接收时应由供方提供安全卫生检验报告，当供方或材质发生变化时，应重新评价，并由供方提供检验报告。

（3）食品添加剂的控制

食品添加剂使用应符合国家有关标准要求。食品添加剂应设专门场所储放，由专人负责管理，注意领料正确及有效期限等，并记录使用的种类、许可证号、进货量及使用量等。

（4）加工过程控制

对于加工过程中的重要安全、卫生控制点，应制定检查/检验项目、标准、抽样规则及方法等，以确保执行并作好记录。加工中发生异常现象时，应迅速追查原因并加以纠正。应建立食品添加剂的称量与投料复核制度，由专人负责，使用添加前操作人员应再逐项核对并依序添加，确实执行并作好记录。

（5）贮存

成品应存放于阴凉、干燥、通风良好的场所。库内产品的堆码不应妨碍空气循环，产品与库墙、顶棚和地面的间隔不小于10cm。贮存的产品出库应实行先进先出的原则。

（6）运输

运输工具必须清洁卫生，无异味。在运输过程中应轻拿轻放，严防受潮、雨淋、曝晒，并应做好防冻和防污染措施。

3.产品检测要点

第一，应有与生产能力相适应的内设检验机构，并具备相应资格的抽样人员及检验人员。

第二，内设检验机构应具备检验工作所需要的标准资料、检验设施和仪器设备；检验仪器应按规定进行计量检定，并应自行开展水质和微生物等项目的检测。

第三，委托社会实验室承担检测工作的，该实验室应具有相应的资质，具备完成委托检验项目的检测能力。

第四，抽样应按照规定的程序和方法执行，以确保抽样工作的公正性和样品的代表性、真实性，抽样方案应科学。

第五，特殊要求的卫生项目（农药残留、兽药残留等）的检验，按现行有效的国家标准执行；出口产品按输入国法律法规及合同等规定的办法执行。

三、酒类加工企业的安全控制

（一）白酒生产企业安全控制

1.前提方案制订

第一，厂区环境和布局。应具有与产品加工能力相适应的原料处理车间、制酒车间、贮酒车间（酒库）、包装车间、成品仓库等场所。污水排放应符合国家有关标准的规定，生产车间内、外排水阴沟应封闭。垃圾存放应使用封闭装置。

原料处理车间的设计与设施应能满足去除杂物（杂质、泥土等）、破碎、防尘的工艺技术要求。处理干燥的原料应满足防尘要求；需要浸泡清洗的原料，应满足排水的工艺要求，制酒车间的设计与设施应能满足润料、配料、摊晾、出（入）窖、发酵或蒸馏等处理的工艺要求。地面应坚硬、防滑、排水设施良好，还需满足防火、防爆措施要求。根据白酒固态和液态不同发酵方法配置相应适宜的设备；贮酒车间（酒库）应有防火、防爆设施和防尘、防虫、防鼠设施，库内环境应满足生产白酒的贮存要求。包装车间进口处应设有鞋靴消毒设施，洗手设施应为非手动式。包装车间应与洗瓶间隔离，能防尘、防虫、防鼠；卫生良好。成品仓库内应阴凉、干燥，有防鼠、防虫、防火设施。

第二，生产设备、工具、管道等的要求。所有接触或可能接触产品的设备、工具、管道和容器等，必须用无毒、无异味、耐腐蚀、易清洗、不会与产品产生化学反应或污染产品的材料制作，表面应平滑、无裂缝、易于清洗及消毒。各车间、仓库（包括酒库）应根据产品及其生产工艺的要求，必要时配备温度计、湿度计、酒精计等。贮酒车间、制酒车间、成品库应使用防爆灯具、防爆开关和防爆泵；灯具应配有安全防护罩。

2.关键过程控制

（1）原辅料控制

生产用原料、辅料应符合国家标准、行业标准和国家相关的规定以及进口国卫生要求，避免有毒、有害物质的污染。如使用的原辅料为实施生产许可证管理的产品，必须选用获证企业生产的产品；采购的原辅料必须经检验或验证合格后方可投入生产，超过保质期的原料、辅料不得用于白酒生产。原辅料贮存场所应有有效的防治有害生物滋生、繁殖的措施，并能够防止受潮、发霉、变质。贮存过程有温、湿度要求的应严格控制贮存温、湿度。

（2）清洗消毒

应定期对场地、生产设备、工具、容器、泵、管道及其附件等进行清洗，必要时进行消毒，并定期对清洗消毒效果进行检测；使用的清洗剂、消毒剂应符合有关食品卫生要求规定。

原料处理、酒液调配、过滤、灌装、封盖、包装等工序，应按照规定严格清洗消毒，避免造成交叉污染。应确保灌装白酒的空瓶、瓶盖清洁干净，还应制定洗瓶和清理瓶盖的工艺操作规程，规定洗涤液的种类和浓度、温度与浸泡时间，并定时检查。洗净的空瓶（罐）应由专人负责检查，并经过最短的距离输送到灌装机。过滤器应定期更换滤膜、滤棒、滤芯等，封盖机要定期彻底清洗轧头、卷轮、托罐盘等易受污染的部位。

（3）包装的要求

包装材料应符合相应标准和进口国的规定。预包装容器回收使用时，应经过严格挑选、清洗、检验合格后方可再次使用。产品包装（灌装）应在专用的包装间进行，包装（灌装）间及其设施应满足不同产品需要，并同时满足对包装环境温度、湿度的要求，产品包装应严密、整齐、无破损。应设专人检查封口的密闭性，对封口工序应进行严格监控，防止发生因瓶口尺寸或设备问题等造成瓶口出现破碎，碎瓶渣落入瓶中，或因开启问题造成消费者划伤等危险。

3.产品检测要点

第一，企业应设有与检验检测工作相适应的安全卫生检验机构，包括与工作需要相适应的实验室、设备、人员、检测标准、检测方法、各种记录。

第二，实验室应有独立的、与实际工作相符合的文件化的实验室管理程序。

第三，实验室检验人员的资格、培训应能满足要求。

第四，实验室所用化学药品、仪器、设备应有合格的采购渠道、存放地点，必备的出厂检验设备至少应符合《白酒生产许可证审查细则》的相关要求。

第五，检验项目至少应符合《白酒生产许可证审查细则》的相关要求。

第六，委托社会实验室承担白酒生产企业卫生质量检验工作时，受委托的社会实验室应当具有相应的资质，具备完成委托检验项目的实际检测能力。

（二）啤酒生产企业安全控制

1.前提方案制订

（1）基础设施及维护

厂区应设绿化带。绿化时不宜种植有飞絮的树木、花草，以免污染啤酒。厂区干道和支道应铺设便于清洁、适于车辆通行的坚硬路面（混凝土或沥青路面等）。厂区应有良好的排水系统，废水、废气处理系统。厂房与设施应根据啤酒生产工艺流程合理布局，结构必须合理、坚固、完善，便于卫生管理与清洗、消毒与保养。厂房内的架空构件必须防止积尘、凝水和霉菌生长。门窗应严密，采用不变形、耐腐蚀的材料制作，地面应坚硬、平坦、不渗水并有适当坡度（2%为宜）和良好的排水系统。发酵、包装车间的墙壁和天花板须用防霉涂料定期涂刷，防止霉菌生长。管道、胶管、接头、阀门等应采取有效措施，距离地面应在50cm以上，防止落地，原料、半成品和成品分别贮存。

啤酒企业应当具备符合工艺要求的生产设备。生啤酒的生产应有全面的无菌生产过程控制设备，特种啤酒的生产应有与特种啤酒生产工艺相适应的生产设备。例如，冰啤酒的生产应有冰晶化处理设备，鲜啤酒应由专用的冷藏车运输。凡与啤酒接触的机械设备、容器、管道等，应采用无毒无味、不吸水、易清洗及不与啤酒起化学反应的材料制作。如不锈钢、铜、玻璃、食用级橡胶等，需涂刷涂料的必须采用无毒无味的涂料。

厂内应配备相应的水处理设施、贮水设施及清洁和消毒设施。洗涤、制冷、冷却、消防等非饮用水，必须用单独管道输送，绝不能与生产（饮用）水交叉连接，应有明显的颜色区别。生产工序使用的蒸汽不得含有危害人体健康或污染原料、半成品和成品的物质。应在远离生产车间的适当地点分别设置酒糟、酒花糟、废硅藻土、垃圾等废弃物临时存放设施。

（2）其他前提方案

水质的卫生指标检测由质检部门负责检测或外协有关检测部门检测，每年送检一次。啤酒生产应对生产应用到的设备设施、管道及卫生设施进行清洗和消毒。所用的CO_2、N_2、压缩空气等气体必须通过净化系统处理并经检测合格后再使用，净化装置需定期清洗消毒和定期更换。

车间入口处应配有洗手、消毒和更衣、换鞋的设施，以便保证操作人员的手、工作服、鞋、帽保持清洁。工作服、鞋、帽每次清洗后使用紫外线灭菌，以保证与食品接触的员工的身体健康和卫生，生产、质量管理人员应保持个人清洁卫生，不得将与生产无关的物品带入车间，工作时不得戴首饰、手表，不得化妆，进入车间时应洗手、消毒并穿工作服、帽、鞋，离开车间时换下工作服、帽、鞋，不同区域人员不应串岗。

正确标注、存放和使用各类有毒化学物质，厂区内不准饲养家畜和宠物，应有效控制虫害。

2.关键过程控制

（1）原辅料控制

第一，生产啤酒所用的原料、辅料应符合相应的国家标准或行业标准的规定。不得采购腐败变质的原料、辅料。依据标准对原辅料进行进货检验和验证，禁止使用黄曲霉毒素或农残含量超标的原料和劣质原料。

第二，对于进口大麦生产供应商，应验证商检部门或食品卫生监督检验机构的检验合格报告。酶制剂、酵母、酒花等原辅料在贮藏时要控制湿度和温度；大米、麦芽的存放设施应保持防霉、防潮，定期杀菌、杀虫，并随时做好防鼠和防虫工作。

第三，采购的酒花及制品应符合标准规定要求，酒花要在适宜的温度和湿度下避光贮存；采购的啤酒瓶、瓶盖、纸箱、塑料膜等包装材料应符合相关标准的安全要求。

第四，制作容器（包括玻璃瓶、金属罐）的材料必须符合国家有关食品卫生标准的规定。应按照各种容器的卫生、质量标准严格检验，合格后方能使用。使用回收旧瓶必须经过严格检查，严禁使用被有毒物质或异味污染过的回收旧瓶。

（2）空气处理

酿造过程使用的无菌空气应经过滤检测合格后使用；压缩空气制氮需经粗滤、精滤、无菌过滤后供给发酵罐、处理罐和清酒罐备压。

（3）清洗剂、杀菌剂的控制

啤酒企业应根据企业的生产工艺和设备情况，合理选择清洗剂和杀菌剂。啤酒企业使用的杀菌剂应无毒无味，一般采用蒸汽和热水灭菌。在不宜采用直流或热水的场所，采用化学或物理灭菌方法，如氯及其氧化物、表面活性剂、紫外线等。清洗剂和杀菌剂应严格按照生产工艺使用，有效控制其残留量。

（4）工艺（卫生）要求的控制

糖化（糊化）、发酵、滤酒、包装等关键生产过程应严格监控，实际生产中的控制参数应与操作指导书的工艺参数一致。糖化过程不仅应严格控制糖化时间、温度、pH值等，避免发酵时酸败，还应控制麦汁的煮沸过程氯化钙和酒花添加的量。

发酵过程接种酵母时，不仅应控制酵母添加量、添加温度和时间，还应控制发酵温度，避免总酸含量或双乙酰含量超标。要注意酵母生物检测结论滞后的问题，如发现酵母生物检测结论不合格，应及时跟踪查溯该罐酵母接种发酵罐的情况。高浓稀释过程，应控制高浓稀释水的脱氧和无菌处理。清酒过滤过程应使用食用级过滤助剂，并控制助剂残留量。清酒应按规定的时间及时灌装、压盖（封盖），灌装时灌装机应定时清洗和消毒。密封质量应符合有关标准。

巴氏灭菌，应控制灭菌的时间温度，避免微生物侵入，影响啤酒的产品质量；应建立各工序的原位清洗（CIP）规范，控制洗瓶的碱液温度、浓度和洗瓶速度，避免物理杂质和化学残留给人造成的危害。

（5）验酒的质量安全控制

酒体不清、有杂质、漏气、漏酒及瓶外有污物的产品应及时检出，防止恶性杂质。灌装后的产品应加强验酒工艺，防止恶性杂质及漏气、漏酒的现象出现。

3.产品检测要点

（1）出厂检验

第一，工厂必须设有与生产能力相适应的实验室，应按《食品安全国家标准 酒中乙醇浓度的测定》（GB 5009.225—2016）选择理化检测设备和生物检测设备。各个工作间应具备与工作需要相适应的场地、仪器和设备、检测方法标准，还应具备醒目的操作规程与标识。

第二，实验室应分别设置专用于样品和标准品保存的空间，样品的抽取、处置、传送和贮存应制定相应的规范。

第三，实验室所用化学药品、仪器和设备应有合格的采购渠道、存放地点、标记标签、使用说明，要保存仪器和设备的校准记录及维护记录，以保存化学药品、仪器和设备的使用记录。

第四，实验室应配备足够的人员，这些人员应接受过与其承担任务相适应的教育和培训，并具有相应的技术知识和经验；实验室应保存技术人员培训、技能、经历和资格等的技术业绩档案。

第五，实验室应有文件化的实验室管理程序。

第六，实验室应保存检验数据的原始记录。

第七，各项检验记录，保存三年，备查。

（2）委托检验

第一，啤酒生产企业委托社会实验室开展检验工作的，双方应签订委托合同。

第二，受委托的社会实验室应当具有相应的资质，具备完成委托检验项目的实际检测能力。

第三，生产过程中直接关系到安全卫生质量控制等时效性较强的检验项目，如感官、微生物等检验项目，不得对外委托，应由企业设立的实验室自行完成。

第三节　认证食品的质量控制

一、无公害农产品的质量控制

（一）无公害农产品的概念与条件

1.无公害农产品的概念范畴

无公害农产品的概念有特指和广义两个范畴。

（1）特指的无公害农产品概念

无公害农产品是指产地环境、生产过程和产品质量符合国家有关标准和规范的要求，经认证合格获得认证证书并允许使用无公害农产品标志的未经加工或者初加工的食用农产品。这个概念有三层含义：①无公害农产品必须按照国家农业行业标准生产，并且有毒、有害物质残留控制在质量安全允许范围内；②必须经过无公害农产品认证机构的认定；③无公害农产品必须是未经加工或者初加工的食用农产品（不包括经过深加工的农产品，也不包括非食用农产品）。

（2）广义的无公害农产品概念

无公害农产品是指安全、质量都符合或高于无公害农产品质量标准的农产品及其加工产品，包括有机食品、绿色食品、生态食品、天然食品及特指无公害农产品等。

2.无公害农产品应具备的条件

第一，产品或产品原料产地必须符合无公害农产品生态环境质量标准。

第二，作物种植、动物养殖、食用菌培养及食品加工必须符合无公害农产品的生产技术标准。

第三，产品必须符合无公害农产品质量和卫生标准。

第四，产品外包装必须符合无公害农产品的包装、标签通用标准。

（二）无公害农产品的种类与特征

1.无公害农产品的种类划分

我国把无公害食品（农产品）分为种植业产品、畜牧业产品和渔业产品3个大类，按各行业习惯分为23个类别，对产品特性和安全指标相似的又分为小类和种类，小类再具体到产品，如种植业大类粮食作物类的玉米小类中包括玉米、鲜食玉米和糯玉米等。种植业大类含44个小类和5个种类；畜牧业大类含9个小类；渔业大类含32个小类和10个种类。

2.无公害农产品的基本特征

无公害农产品与普通食品相比，有以下四个显著特征。

（1）基本特征

无公害农产品的基本特征是无污染、安全、优质。生产无公害农产品的最终目的是不断提高人民的生活水平和民族健康状况。随着我国人民生活水平的提高，在质量标准、营养口味的基础上，消费者对食品安全卫生标准提出更严格的要求。具体而言，无污染、安全不仅是将最终产品的污染水平控制在危害人体健康的安全限度之内，而且通过食品生产过程中的严密监测、控制和防范，防止农药残留、放射性物质、重金属、有害细菌、有毒有害化学合成物质等在生产各个环节对食品的污染，以确保无公害农产品的安全。食品质量是衡量社会进步的一个重要标准，从这个意义上讲，无公害农产品是人类进步的一个标志。

（2）基地特征

无公害农产品的基地特征是强调产品出自良好生态环境。无公害农产品生产对环境有严格的要求，强调环境是基础，具有一票否决权，无公害农产品必须具备的首要条件，就是产地必须符合无公害农产品产地环境质量标准。符合无公害农产品产地环境质量标准的产地都在空气清新、水质纯净、土壤未受污染、农业生态环境质量良好的地区。在确定该区域环境符合无公害农产品产地环境质量标准的基础上，还要求生产企业或当地政府有一套保证措施，以确保该区域在今后的生产过程中环境质量不下降。

（3）生产特征

无公害农产品的生产特征是对产品实行全程质量控制。无公害农产品实行“从农田到餐桌”全程质量控制，而不是简单地对最终产品的有害成分含量和卫生指标进行测定，从而在农业和食品生产领域树立了全新的质量观。

第一，严格禁止或控制使用化学合成物质。现代农业大量使用化肥农药和植物生长调节剂，这些化学合成物质的使用在提高产量的同时，也造成了土壤中有毒、有害物质累积、有机质减少、保肥保水能力下降等，进一步加剧了农村环境污染，对生态平衡造成了很大危害。无公害农产品生产过程有着严格的技术要求和质量控制，对化肥、农药、兽药、饲料添加剂、食品添加剂的使用都有严格的规定，从而保证了农产品的品质，也减少了农业污染。

第二，严格执行有关生产技术和操作规程。无公害农产品生产过程中，无论是通过种植、养殖、培养方式生产有关生物产品或原料，还是进行食品加工，都必须执行相关的生产技术和操作规程。由委托管理机构派检查员检查生产企业的生产资料购买、使用情况，检查生产者是否按照无公害农产品生产技术标准进行生产，以证明生产行为对产品质量和产地环境质量是有益的。在生产、加工、包装、运输、营销全过程中，应严格执行有关技术标准和操作规程，确保产品到达消费者餐桌仍符合无公害农产品的标准。

（4）管理特征

无公害农产品的管理特征是对产品依法实行认证管理。政府授权专门机构认证管理无公害农产品，是一种将技术手段和行政手段有机结合起来的生产组织和管理行为。生产后由定点产品监测机构对最终产品进行监测，确保最终产品符合无公害农产品标准，并使用无公害农产品的标签、标志。

（三）无公害农产品的控制技术

第一，无公害农产品生产基地环境控制技术。无公害农产品开发基地应建立在生态农业建设区域之中，在生态农业建设中强化无公害技术份额。具体地说，其基地在土壤、大气、水质等方面必须符合无公害农产品产地环境标准，其中的土壤主要是重金属指标，大气主要是硫化物、氮化物和氟化物等指标，水质主要是重金属、硝态氮、全盐量、氯化物等指标。无公害农产品产地环境评价是选择无公害农产品基地的标尺，只有通过环境评价，才能具有生产无公害农产品的条件和资格，这是前提条件。

第二，无公害农产品生产过程控制技术。无公害农产品的农业生产过程控制，主要是农用化学物质使用限量的控制及替代过程，重点生产环节是病虫害防治和肥料施用。病虫害防治要以不用或少用化学农药为原则，强调以预防为主、以生物防治为主。肥料施用强调以有机肥和底肥为主，按土壤养分库动态平衡需求调节肥量和用肥品种。在生产过程中制定相应的无公害生产操作规范，建立相应的文档，备案待查。

第三，无公害农产品质量控制技术。无公害农产品最终体现在产品的无公害化上，其产品可以是初级产品，也可以是加工产品，其收获、加工、包装、贮藏、运输等后续过程均应制定相应的技术规范和执行标准。

产品是否无公害，要通过检测来确定。无公害农产品首先在营养品质上应是优质的，营养品质检测可以依据相应检测机构的结果，而环境品质、卫生品质检测要在指定机构进行。

（四）无公害农产品的认证与标志

1.无公害农产品的产地认定

无公害农产品的产地认定是无公害农产品认证的前提和条件，是推进农产品标准化生产的最重要的措施，是确保农产品质量安全的基础。各省、自治区、直辖市和计划单列市人民政府的农业行政主管部门（以下简称“省级农业行政主管部门”）负责各自辖区内无公害农产品产地的认定（以下简称“产地认定”）工作。

（1）申报无公害农产品产地应具备的基本条件

第一，产地必须具备良好的自然环境，规划科学，布局合理，能满足无公害农产品生产的要求。

第二，产地应设立专门的管理机构，配备相应的专业技术人员，建立健全生产、服务体系。

第三，产地应当具有一定的生产规模，具体规定见表3-1[①]。

① 宋卫江，原克波.食品安全与质量控制[M].武汉：武汉理工大学出版社，2019：249.

表3-1　无公害农产品产地认定生产规模要求

产品类别	生产规模	说明
粮食作物	2000亩以上	1.因地域、产品差异，生产规模可适当调整 2.其他产地规模，视具体情况而定
蔬菜	露地种植面积不少于300亩，保护地种植面积不少于50亩	
水果	种植面积不少于300亩	
西（甜）瓜	露地种植面积不少于500亩，保护地种植面积不少于50亩	
油料	种植面积不少于500亩	
茶园	种植面积不少于200亩	
食用菌	年投料不少于200吨	
水产养殖	大水面养殖面积不少于1000亩，集中连片池塘养殖面积不少于100亩，工厂化养殖面积不少于1000亩	

（2）申请人的资格

符合无公害农产品产地基本条件并从事无公害农产品生产、经营的单位或个人均可作为无公害农产品产地的申请人。

（3）认定程序

申请产地认定的单位和个人（以下简称“申请人”），应当向产地所在地县级人民政府农业行政主管部门（以下简称“县级农业行政主管部门”）提出申请，并提交相关材料：①“无公害农产品产地认定申请书”；②产地的区域范围、生产规模；③产地环境状况说明；④无公害农产品生产计划；⑤无公害农产品质量控制措施；⑥专业技术人员的资质证明；⑦保证执行无公害农产品标准和规范的声明；⑧要求提交的其他有关材料。

县级农业行政主管部门自受理之日起30日内，对申请人的申请材料进行形式审查。符合要求的，出具推荐意见，连同产地认定申请材料逐级上报省级农业行政主管部门；不符合要求的，应当书面通知申请人。

省级农业行政主管部门应当自收到推荐意见和产地认定申请材料之日起30日内，组织有资质的检查员对产地认定申请材料进行审查。材料审查不符合要求的，应当书面通知申请人。

材料审查符合要求的，省级农业行政主管部门组织由有资质的检查员组成的检查组对产地进行现场检查。现场检查不符合要求的，应当书面通知申请人。

申请材料和现场检查符合要求的，省级农业行政主管部门通知申请人委托具有资质的检测机构对其产地环境进行抽样检验。

检测机构应当按照标准进行检验，出具环境检验报告和环境评价报告，分送省级农业行政主管部门和申请人。环境检验不合格或者环境评价不符合要求的，省级农业行政主管部门应当书面通知申请人。

省级农业行政主管部门对材料审查、现场检查、环境检验和环境现状评价符合要求的，进行全面评审，并作出认定终审结论。符合颁证条件的，颁发“无公害农产品产地认定证书”；不符合颁证条件的，应当书面通知申请人。

“无公害农产品产地认定证书”的有效期为3年。期满后需要继续使用的，证书持有人应当在有效期满前90日内按照本程序重新办理。

省级农业行政主管部门应当在颁发“无公害农产品产地认定证书”之日起30日内，将获得证书的产地名录报农业农村部和国家认证认可监督管理委员会备案。

2.无公害农产品的标志管理

无公害农产品标志图案主要由麦穗、对钩和无公害农产品字样组成，麦穗代表农产品，对钩表示合格，金色寓意成熟和丰收，绿色象征环保和安全，无公害农产品标志规格分为五种，其规格、尺寸（直径）见表3-2[①]。

表3-2　无公害农产品标志规格

规格	1号	2号	3号	4号	5号
尺寸（直径）（mm）	10	15	20	30	60

无公害农产品标志是施加于获得无公害农产品认证的产品或者其包装上的证明性标记。国家鼓励获得“无公害农产品认证证书”的单位和个人积极使用全国统一的无公害农产品标志。农业农村部和国家认监委对全国统一的无公害

① 宋卫江，原克波.食品安全与质量控制[M].武汉：武汉理工大学出版社，2019：251.

农产品标志实行统一监督管理。县级以上地方人民政府农业行政主管部门和质量技术监督部门按照职责分工，依法负责本行政区域内无公害农产品标志的监督检查工作。

根据《无公害农产品管理办法》的规定，获得无公害农产品认证资格的认证机构（以下简称“认证机构”），负责无公害农产品标志的申请受理、审核和发放工作。凡获得“无公害农产品认证证书”的单位和个人，均可以向认证机构申请无公害农产品标志。认证机构应当向申请使用无公害农产品标志的单位和个人说明无公害农产品标志的管理规定，并指导和监督其正确使用无公害农产品标志。认证机构应当按照认证证书标明的产品品种和数量发放无公害农产品标志，建立无公害农产品标志出入库登记制度。无公害农产品标志出入库时，应当清点数量，登记台账；无公害农产品标志出入库台账应当存档，保存时间为5年。认证机构应当将无公害农产品标志的发放情况每6个月报农业农村部和国家认监委一次。

获得“无公害农产品认证证书”的单位和个人，可以在证书规定的产品或者其包装上加贴无公害农产品标志，用以证明产品符合无公害农产品标准。印制在包装、标签、广告、说明书上的无公害农产品标志图案，不能作为无公害农产品标志使用。使用无公害农产品标志的单位和个人，应当在“无公害农产品认证证书”规定的产品范围和有效期内使用，不得超范围和逾期使用，不得买卖和转让。使用无公害农产品标志的单位和个人，应当建立无公害农产品标志的使用管理制度，对无公害农产品标志的使用情况如实记录并存档。无公害农产品标志的印制工作应当由经农业农村部和国家认监委考核合格的印制单位承担，其他任何单位和个人不得擅自印制。

无公害农产品标志的印制单位应当具备一定条件：①经工商行政管理部门依法注册登记，具有合法的营业证明；②获得公安、新闻出版等相关管理部门发放的许可证明；③有与其承印的无公害农产品标志业务相适应的技术、设备及仓储保管设施等条件；④具有无公害农产品标志防伪技术和辨伪能力；⑤有健全的管理制度；⑥符合国家有关规定的其他条件。无公害农产品标志的印制单位，应当建立无公害农产品标志出入库登记制度。对废、残、次无公害农产品标志，应当进行销毁，并予以记录。

无公害农产品标志的印制单位，不得向具有无公害农产品认证资格的认证机构以外的任何单位和个人转让无公害农产品标志。伪造、变造、盗用、冒用、买卖和转让无公害农产品标志以及违反本办法规定的，按照国家有关法律法规的规定，予以行政处罚；构成犯罪的，依法追究其刑事责任。从事无公害农产品标志管理的工作人员滥用职权、徇私舞弊、玩忽职守，由所在单位或所在单位的上级行政主管部门给予行政处分；构成犯罪的，依法追究刑事责任。

二、绿色食品的质量控制

（一）绿色食品应具备的条件

"随着社会经济的不断发展，人类对物质生活水平的追求日渐提高，绿色食品在世界各地普遍推广。"[①]绿色食品是遵循可持续发展原则，按照特定生产方式生产，经专门机构认定，许可使用绿色食品商标标志的无污染的安全、优质、营养类食品。绿色食品必须同时具备以下条件。

第一，产品或产品原料产地必须符合绿色食品生态环境质量标准。

第二，农作物种植、畜禽饲养、水产养殖及食品加工必须符合绿色食品的生产操作规程。

第三，产品必须符合绿色食品质量和卫生标准。

第四，产品外包装必须符合国家食品标签通用标准，符合绿色食品特定的包装、装潢和标签规定。

（二）绿色食品的标志管理

绿色食品的标志是指绿色食品图形以及"绿色食品"中文、"Green Food"英文字样。它是用以标识食品具有无污染、安全、优质、营养等特殊品质的标记。

绿色食品标志图形由三部分构成：一是上方的太阳、下方的叶片和中心的蓓蕾，象征自然生态；二是颜色为绿色，象征着生命、农业、环保；三是整个图形为正圆形，意为安全和保护。

绿色食品标志商标的注册形式有绿色食品标志图形、绿色食品、Green Food及中英文字与图形组合共四种形式。

---

① 刘秉祺.乡村振兴背景下绿色食品的发展路径[J].农业经济，2022（06）：65-66.

标志的使用采用“一品一号”“身份证”制度的原则。绿色食品认证中心对每一批准用标的产品实行统一编号，每一个被许可使用绿色食品标志的产品都有其独有的绿色食品标志的编号，以确定其“身份”。“一品”是指一个认证产品，它是商标名称和产品名称的组合体；“一号”是指一个绿色食品标志编号。

绿色食品标志是中国绿色食品发展中心1996年11月7日经国家工商总局商标局核准注册的我国的第一例证明商标。

绿色食品核定使用的商品范围极为广泛：在1类的肥料上注册了图形商标；在2类的食品着色剂上注册了文字、图形、英文以及组合共四个商标；在3类的香料上、5类的婴儿食品上注册了四个商标；对29类的肉类、腌制及干制的水果及其制品、腌制及干制蔬菜、果冻、果酱，30类的糖、咖啡、面包、糕点、蜂蜜、糖调味香料，31类的水果、新鲜蔬菜、种子、饲料，32类的啤酒、饮料，33类的含酒精的饮料进行了全类注册。

（三）绿色食品的标准管理

绿色食品标准是绿色食品认证和管理的依据和基础，是整个绿色食品事业的重要技术支撑。

绿色食品标准是应用科学技术原理，结合绿色食品生产实践，借鉴国内外相关标准所制定的，在绿色食品生产中必须遵循，在绿色食品质量认证时必须依据的技术性文件。绿色食品标准是由农业农村部发布的推荐性农业行业标准（NY/T），是绿色食品生产企业必须遵照执行的标准。

我国按照“从农田到餐桌”全程质量控制技术路线，建立了定位准确、科学合理的技术标准体系，确立了与发达国家食品标准接轨的质量安全水平定位。农业农村部发布的绿色食品行业标准总数已达150项，基本覆盖了大宗食用农产品及加工食品，主要包括产地环境质量标准、生产过程投入品使用标准、产品质量标准、仓储运输及包装标签标准。

1.绿色食品的生产标准

绿色食品标准以“从农田到餐桌”全程质量控制理念为核心，由以下四个部分构成。

（1）绿色食品产地环境质量标准

绿色食品产地环境质量标准即《绿色食品产地环境质量》（NY/T 393—

2021），制定这项标准的目的主要在于两个方面：一是强调绿色食品必须产自良好的生态环境地域，以保证绿色食品最终产品的无污染、安全性；二是促进对绿色食品产地环境的保护和改善。

绿色食品产地环境质量标准规定了产地的空气质量标准、农田灌溉水质标准、渔业水质标准、畜禽养殖用水标准和土壤环境质量标准的各项指标以及浓度限值、监测和评价方法，提出了绿色食品产地土壤肥力分级和土壤质量综合评价方法。对于一种给定的污染物，在全国范围内，其标准是统一的，必要时可增设项目，适用于生产绿色食品（AA级和A级）的农田、菜地、果园、牧场、养殖场和加工厂。

（2）绿色食品生产技术标准

绿色食品生产过程的控制是绿色食品质量控制的关键环节。绿色食品生产技术标准是绿色食品标准体系的核心，它包括绿色食品生产资料使用准则和绿色食品生产技术操作规程两部分。

绿色食品生产资料使用准则是对生产绿色食品过程中物质投入的一个原则性规定，它包括生产绿色食品的农药、肥料、食品添加剂、饲料添加剂、兽药和水产养殖药的使用准则，对允许、限制和禁止使用的生产资料及其使用方法、使用剂量、使用次数和休药期等作出了明确规定。

绿色食品生产技术操作规程是以上述准则为依据，按作物种类、畜牧种类和不同农业区域的生产特性分别制定的，用于指导绿色食品生产活动，规范绿色食品生产技术的技术规定，包括农产品种植、畜禽饲养、水产养殖和食品加工等技术操作规程。

（3）绿色食品产品标准

该标准是衡量绿色食品最终产品质量的指标尺度。它虽然与普通食品的国家标准一样，规定了食品的外观品质、营养品质和卫生品质等内容，但其卫生品质要求高于国家现行标准，主要表现为对农药残留和重金属的检测项目种类多、指标严。而且，使用的主要原料必须是来自绿色食品产地、按绿色食品生产技术操作规程生产出来的产品。绿色食品产品标准反映了绿色食品生产、管理和质量控制的先进水平，突出了绿色食品产品无污染、安全的卫生品质。

（4）绿色食品包装、贮藏运输标准

包装标准规定了进行绿色食品产品包装时应遵循的原则，包装材料选用的范围、种类，包装上的标识内容等。要求产品包装从原料、产品制造、使用、回收到废弃的整个过程都应有利于食品安全和环境保护，包括包装材料的安全、牢固性，节省资源、能源，减少或避免废弃物产生，易回收循环利用，可降解等具体要求和内容。

绿色产品标签标准，除要求符合国家《食品安全国家标准 预包装食品标签通则》外，还要求符合《中国绿色食品商标标志设计使用规范手册》的规定。该手册对绿色食品的标准图形、标准字形、图形和字体的规范组合、标准色、广告用语以及在产品包装标签上的规范应用均作了具体规定。

贮藏运输标准对绿色食品贮运的条件、方法、时间作出了规定，以保证绿色食品在贮运过程中不遭受污染、不改变品质，并有利于环保、节能。

2.绿色食品标准的作用表现

绿色食品标准对绿色食品产业发展所起的作用表现在以下几个方面。

（1）绿色食品标准是绿色食品认证工作的技术基础

绿色食品认证实行产前、产中、产后全过程质量控制，同时包含质量认证和质量体系认证内容。因此，无论是绿色食品质量认证还是质量体系认证，都必须有适宜的标准作依据，否则开展认证工作的基本条件就不充分。

（2）绿色食品标准是进行绿色食品生产活动的技术、行为规范

绿色食品标准不仅是对绿色食品产品质量和产地环境质量的指标规定，更重要的是对绿色食品生产者、管理者的行为的规范，是评定、监督和纠正绿色食品生产者、管理者技术行为的尺度，具有规范绿色食品生产活动的功能。

（3）绿色食品标准是指导农业及食品加工业提高生产水平的技术文件

绿色食品产品标准设置的质量安全指标比较严格，绿色食品标准体系则为企业如何生产出符合要求的产品提供了先进的生产方式、工艺和生产技术指导。例如，在农作物生产方面，为替代或减少化肥用量、保证产量，绿色食品标准提供了一套根据土壤肥力状况，将有机肥、微生物肥、无机（矿质）肥和其他肥料配合施用的方法；为保证无污染、安全的卫生品质，绿色食品标准提供了一套能够经济、有效地杀灭致病菌、降解硝酸盐的有机肥处理方法；为减少喷施化学农药，绿色食品标准还提供了一套从保护整体生态系统出发的病虫草害综合防治技术。在食品加工方面，为避免加工过程中的二次污染，绿色食品标准提出了一套非化学方式控制害虫的方法和食品添加剂使用准则，从而促使绿色食品生产者采

用先进加工工艺，提高技术水平。

（4）绿色食品标准是维护绿色食品生产者和消费者利益的技术和法律依据

绿色食品标准作为认证和管理的依据，对接受认证的生产企业属强制执行标准，企业采用的生产技术及生产出的产品都必须符合绿色食品标准要求。国家有关行政主管部门对绿色食品实行监督抽查、打击假冒产品行动时，绿色食品标准就是保护生产者和消费者利益的技术和法律依据。

（5）绿色食品标准是提高我国农产品和食品质量，促进出口创汇的技术手段

绿色食品标准是以我国国家标准为基础，参照国际先进标准制定的，既符合我国国情，又具有国际先进水平。企业通过实施绿色食品标准，能够有效地促进技术改造，加强生产过程的质量控制，改善经营管理，提高员工素质。绿色食品标准也为我国开展可持续农产品及有机农产品平等贸易提供了技术保障，为我国农业，特别是生态农业、可持续发展农业在对外开放过程中提高自我保护、自我发展能力创造了条件。

（四）绿色食品生产加工的操作流程

1.种植业的生产操作规程

种植业的操作规程，是农作物在整地播种、施肥、浇水、喷药及收获五个生产环节中必须遵守的规定。其主要内容是：植保方面，农药的使用在种类、剂量、时间、残留量方面都必须符合《绿色食品　农药使用准则》；作物栽培方面，肥料的使用必须符合《绿色食品　肥料使用准则》，有机肥的施用量必须达到保护或增加土壤有机质含量的程度；品种选育方面，尽可能选育适应当地土壤和气候条件，并对病虫草害有较强的抵抗力的高品质优良品种；耕作制度方面，尽可能采用生态学原理，保持物种的多样性，减少或避免化学物质的投入。

2.畜牧业的生产操作规程

畜牧业的生产操作规程是指在畜禽选种、饲养、防治疫病等环节的具体操作规定。其主要内容是：选择饲养适应当地生长条件、抗逆性强的优良品种；主要饲料来源于无公害区域内的草场、农区，绿色食品饲料种植地和绿色食品加工产品的副产品。

3.水产品养殖的生产操作规程

水产品养殖过程中绿色食品生产操作规程的主要内容是：养殖用水必须达到绿色食品要求的水质标准；选择饲养适应当地生长条件的抗逆性强的优良品种；鲜活饵料和人工配合饲料应来源于无公害生产区域；人工配合饲料的添加剂使用必须符合《绿色食品　饲料添加剂使用准则》；疫病防治用药必须符合《绿色食品　渔药使用准则》；采用生态防病及其他无公害技术。

三、有机食品的质量控制

（一）有机食品的内涵与范畴

1.有机食品的内涵阐释

有机食品是原料来自有机农业生产体系或野生生态系统，根据有机认证标准生产、加工，而且经有资质的独立认证机构认证的可食用农产品、野生产品及其加工产品，如粮食、蔬菜、水果、奶制品、畜禽产品、水产品、蜂产品及调料等。它包括一切可以食用的农副产品，是一个狭义的概念。

有机食品在其生产和加工过程中绝对禁止使用农药等人工合成物质，因此有机食品生产过程要求比较严格，需要建立全新的生产体系，采用相应的替代技术。

2.有机食品的相关范畴

（1）有机农业

有机农业是指遵照一定的有机农业生产标准，在动植物生产中不采用离子辐射技术、基因工程获得的生物及其产物，不使用化学合成的农药、化肥、生长调节剂、饲料添加剂等物质，遵循自然规律和生态学原理，协调种植业和养殖业的平衡，如转换期、定产、定量等，采用一系列可持续发展的农业技术以维持持续稳定的农业生产体系的一种农业生产方式。

综上所述，有机农业是一种强调以生物学和生态学为理论基础，并拒绝使用化学品的农业生产模式，这种生产模式非常注重当地土壤的质量，注重系统内营养物质的循环，注重农业生产要遵循自然规律，并强调因地制宜的原则。有机农业生产方式决定了最终有机食品的质量状况及产品特征。其主要特点有：建立一种多种种养结合的农业生产体系，系统内的土壤、植物、动物和人类是相互联系的有机整体，采用土地（生态环境）可以承受的方法进行耕作。因此，有机食品的生产原料离不开有机农业生产体系。

（2）有机产品

有机产品指生产、加工、销售过程符合相关国家标准的供人类消费、动物食用的产品。在有机农业生产体系中生产的所有有机产品除食品外，还包括纺织品、皮革、化妆品、林产品、家具等其他与人类生活相关的产品。

（二）有机食品的认证管理

有机食品认证就是指经认证机构依据相关要求认证，以认证证书的形式对某一生产、加工或销售体系进行标识。认证以过程检查为基础，包括实地检查、质量保证体系的检查和必要时对产品或环境、土壤进行的抽样检测。

有机产品的生产、加工依据的是有机产品标准，而有机产品标准只规定如何控制有机产品生产、加工的全过程，因此有机产品的认证模式是对有机产品生产过程进行检查，通过对申请人的质量管理体系、生产过程控制体系、追踪体系以及产地、生产、加工、仓储、运输、贸易等过程进行检查，以评价其是否符合有机产品标准的要求。在检查过程中，检查员认为有必要时，要对生产原料、土壤、水、大气、产品等进行抽样检测。

1.有机食品认证的分类

对于有机认证申请者来说，如果要对所生产的产品申请有机认证，就必须了解国家有机食品的认证范围，对产品所面对的市场及对应的认证标准和要求要有较为全面的了解，并做好充分的准备。有机食品的认证可分为以下三类。

（1）有机食品生产认证

有机食品生产认证主要对有机加工原料进行认证。国家标准中列出了生产的认证范围，包括作物种植、食用菌栽培、野生植物采集、畜禽养殖、水产养殖、蜜蜂及蜂产品。

申请者除应该有合法的土地使用权和合法的经营证明文件外，有机食品生产还要符合基本要求（要点）：①生产基地在最近3年内未使用过农药、化肥等违禁物质；②种子或种苗来自自然界，未经基因工程技术改造过；③生产基地应建立长期的土地培肥、植物保护、作物轮作和畜禽养殖计划；④生产基地无水土流失、风蚀及其他环境问题；⑤作物在收获、清洁、干燥、储存和运输过程中应避免污染；⑥从常规生产系统向有机生产转换通常需要两年以上的时间，新开荒地、撂荒地至少需经12个月的转换期才有可能获得颁证；⑦在生产和流通过程中，必须建立严格的质量管理体系、生产过程控制体系和追踪体系，并有完整的生产和销售记录档案。

如果农场既有有机生产又有常规生产，则农场经营者应单独管理和经营用于有机生产的土地。同时，必须制订将原有的常规生产土地逐步转换成有机生产土地的计划，并将计划报有机食品认证机构备案。

（2）有机食品加工认证

有机食品加工厂除了要符合国家规定的食品加工厂的一般要求，如全国工业生产许可证、卫生许可证、企业工商营业执照和相关的质量管理体系外，依据国家标准，还要满足相应要求：①原料必须是来自已获得有机认证的产品或野生（天然）产品；②已获得有机认证的原料在终产品中所占的比例不得少于95%；③只允许使用天然的调料、色素和香料等辅助原料，禁止使用我国有机产品标准允许使用以外的其他化学合成物质，不允许使用人工合成的添加剂；④有机产品在生产、加工、储存和运输的过程中应避免污染；⑤禁止使用基因工程生物及产物；⑥不得过度包装，尽可能使用可回收利用或来自可再生资源的包装材料；⑦不得在同一工厂同时加工相同品种的有机产品和常规产品，除非工厂能采取切实可行的保障措施，明确区分相同品种的有机产品和常规产品；⑧同一种配料禁止同时含有有机、常规或转换成分；⑨有机食品在生产、加工、储存和运输的过程中必须杜绝化学物质污染；⑩加工厂在原料采购、生产、加工、包装、储存和运输等过程中必须有完整的档案记录，包括相应的票据，并要建立跟踪审查体系。

（3）有机食品贸易认证

从事有机食品贸易的企业除要求符合常规食品贸易企业的一般要求，如卫生许可证、企业工商营业执照和相关的质量管理体系外，还必须满足一定条件：①具有从事有机食品的国内销售和进出口贸易的单位资质证明；②贸易者不能同时经营相同品种的有机产品和常规产品，除非贸易者在贸易过程中采取切实可行的保障措施，防止有机产品和常规产品混杂；③贸易者应确保有机食品在贸易过程中（运输、储存和销售）不受有毒有害化学物质的污染，并且全过程必须有完整的档案记录，包括相应的票据。

2.有机食品认证的程序

《有机产品认证实施规则》是对认证机构开展有机食品认证程序的统一要求，在执行中各认证机构间的认证程序有一定差异。目前有机食品认证的模式通常为“过程检查+必要的产品和产地环境检测+证后监督”，认证的程序一般包括认证申请和受理、检查准备与实施、合格评定和认证决定、认证后的监督与管理。

（1）申请

有意申请有机认证时，可通过电话或电子邮件与获得国家认监委批准的有机食品认证机构取得联系，领取及填写“有机认证申请书”及缴纳申请费并填写“有机认证调查表”，按“有机认证书面材料清单”提交资料，认证机构会要求申请人按照相关国家标准，建立质量管理体系、质量保证体系和追踪体系及处理体系。

认证机构要求申请人提交的文件资料包括：申请人的合法经营资质文件；有机生产、加工的基本情况；产地（基地）区域范围描述、生产加工场所周边环境描述、平面图、工艺流程图等；申请认证的有机产品生产、加工、销售计划；产地（基地）、加工场所有关环境质量的证明材料；有关专业技术和管理人员的资质证明材料；保证执行有机产品标准的声明；有机生产、加工的管理体系文件；其他相关材料。在申请阶段，认证机构应向申请者非歧视地公开一些信息，如有机认证范围、认证程序和认证要求、认证依据标准、认证收费标准、认证机构和申请人的权利及义务，认证机构处理申诉、投诉和争议的程序等。

（2）申请受理

在此期间，认证机构一方面应当对申请者提出的认证申请进行评审，重点关注申请是否符合有机认证基本要求和相关文件及资料是否齐全，明确该申请是否符合申请条件；另一方面，明确该申请是否处于本认证机构的认可范围、能力范围或资源范围之内，完成该项认证所需的时间等，自收到申请人书面申请之日起10个工作日内，完成对申请材料的评审，并作出是否受理的决定。同意受理的，认证机构与申请人签订认证合同；不予受理的，应当书面通知申请人，并说明理由。认证机构和申请人之间签订的正式书面认证协议应明确认证依据、认证范围、认证费用、现场检查日期、双方责任、证书使用规定、违约责任等事项。

（3）检查准备与实施

认证协议签订后，认证机构即启动检查准备与实施程序，也即有机认证检查程序，此程序可分为检查启动、文件评审、检查准备、检查实施及检查报告的编写五个阶段。

第一，检查启动，主要是认证机构认证部根据业务范围指定检查组长，组成检查小组，委托检查任务，确定检查目的、范围和准则，同申请人确定好检查时间和其他相关事宜。

第二，文件评审，检查组长对申请人的管理体系文件进行文件评审，确定其适宜性和充分性。

第三，检查准备，检查组长编制检查计划，进行组内分工，并准备好工作文件和工具。

第四，检查实施，根据认证标准的要求对申请人的管理体系进行评估，对委托人的产地、生产、加工、仓储、运输、贸易等进行实地检查评估，核实生产、加工过程与申请人按照认证要求所提交文件的一致性，确认生产、加工过程与认证依据标准的符合性，填写现场检查记录表。

有机产品认证的检查一般包括：对生产地块、加工与储藏场所等的检查；对生产管理人员、内部检查人员、生产者的访谈；生产或加工设施、土地、储藏、环境质量状况评估；识别和调查/检查有风险的地域；生产、加工记录的检查；农田的生产/销售平衡、投入/产出平衡、加工和处理的追溯性的评价；经营者是否有效执行有机生产、加工标准和认证机构的相关规定；允许和限制使用的物质，如添加剂，必要时，对土壤、水体、产品进行取样检测。另外，还应检查转换期的有关要求，分离生产的有关要求，平行生产的有关要求，基因工程产品的控制，必要时，还包括对非有机部分的生产、加工过程的检查等。还要对内部检查和持续改进进行评估。检查员在结束检查前，应对检查情况进行总结，明确存在的问题，允许被检查方对存在的问题进行说明。

第五，检查报告的编写。在完成现场检查后，根据现场检查发现，检查组依据收集的信息和证据，编制并向认证机构递交公正、客观和全面的关于认证要求符合性的检查报告。检查报告应含有风险评估和检查员对生产者的生产、加工活动与认证标准的符合性判断，对检查过程中收集的信息和不符合项的说明等相关方面进行描述。

（4）合格评定与认证决定

有机认证机构技术委员会对申请人的申请表、基本情况调查表、检查员的检查报告和其他有关信息材料应进行全面审查，重点进行有机生产和加工过程的符合性判定、产品安全质量的符合性判定以及确定产品质量是否符合执行标准的要求，最终作出能否发放证书的决定。认证决定结果有以下几种。

第一，同意颁证。申请人的生产经营活动及管理体系符合认证标准的要求，认证机构予以批准认证。

第二，有条件颁证。申请人的某些生产经营活动及管理体系不完全符合认证标准的要求，只有申请人在规定的期限内完成整改或已经提交整改措施并有能力在规定的期限内完成整改以满足认证要求的，认证机构经过验证后可批准认证。

第三，有机转换认证。申请人的生产基地因为在1年前使用了禁用的物质，或生产管理措施未能有效实施，而其他方面基本符合要求，并且申请人有完全按照有机食品标准进行生产和管理的计划，则可颁发“有机转换基地证书”。有机转换基地所产的产品，按照有机方式要求加工，可作为“有机转换产品”进行销售。

第四，拒绝颁证。生产者的生产活动不符合有机食品的生产标准，不给予颁证。在此情况下，认可委员会将向申请人告知不能颁证的原因。

认证机构应对批准认证的申请人及时颁发认证证书，签订“有机食品标志使用许可合同”，准许其使用认证标志/标识。

（5）认证后的监督与管理

有机产品认证证书的有效期为1年，申请人在获证后，有机认证机构将对获证组织实施监督检查，以确认获证组织产品的持续符合性；监督检查包括证书到期的年度复评的例行检查和不通知检查，不通知检查基于检查组的风险判断及来源于社会、政府、消费者对获证产品的信息反馈。

参照国际通行的做法，为确保有机产品经认证后能持续符合认证要求，遵照《中华人民共和国认证认可条例》中要求的“认证机构应当对其认证的产品、服务、管理体系实施有效的跟踪调查，认证的产品、服务、管理体系不能持续符合认证要求的，认证机构应当暂停其使用直至撤销认证证书，并予公布”进行监督与管理。

第四章 农产品质量检测

第一节 农产品质量检测的任务

我国是一个农业大国，也是一个农产品消费大国。由于人口众多，资源有限，经历过农产品的供不应求时期，所以我国的农产品供应问题，特别是粮食问题备受国内外关注。

一、农产品的定义

按照国际公认和国内普遍认可的观点，农产品是指动物、植物、微生物产品及其直接加工品，包括食用和非食用两个方面。但在农产品质量安全管理方面，大家常说的农产品，多指食用农产品，包括鲜活农产品及其直接加工品。

农产品质量包括两个方面的内容：一是产品的品质质量，包括外观、口感、营养、耐贮性等；二是产品的食用安全性，即安全质量。《中华人民共和国农产品质量安全法》中所称的农产品质量安全，是指农产品质量符合保障人的健康、安全的要求。农产品品质质量和安全质量两者不可偏废，缺一不可。

农产品质量检测，是指根据产品标准或检测规程，对农产品的一个或多个质量特性进行观察、试验或测量，并把所得到的检测结果和规定的质量要求进行比较，以判断出被检产品或成批产品合格与不合格的技术性检查活动。

二、农产品质量检测的主要任务

（一）样品采集与接收

样品采集与接收主要是指农产品样品的采集、接收和登记工作，目的是确保样品来源的真实性和完整性。

农产品的样品采集与接收是农产品质量检测的重要环节之一。样品采集通常由采样人员和样品管理员共同完成，采样人员负责根据检测需求进行采样，样品管理员负责与采样人员交接样品，并认真核对样品的包装、标识、外观等信息。如果样品信息不全或不符合检测要求，样品管理员应拒绝接收该样品。

在样品接收时，样品管理员需要对样品进行登记和分类，并确保样品来源的真实性和完整性。同时，还需要根据检测要求，对样品进行预处理和保存，以备后续的检验检测工作。

在样品采集与接收过程中，需要注意以下几点：①采样人员和样品管理员都需要具备相应的专业知识和技能，能够正确地进行采样和交接工作；②采样时需要选择有代表性的样品，并严格按照采样标准和方法进行操作，以确保样品的代表性和准确性；③在样品交接时，采样人员和样品管理员需要认真核对，确保样品的包装、标识、外观等信息完整、准确；④对于不合格或不符合检测要求的样品，样品管理员应拒绝接收，并通知采样人员重新采样或进行相应的处理；⑤在样品保存过程中，需要注意温度、湿度、光照等环境因素对样品的影响，以确保样品不发生变质或损坏。

总之，农产品样品的采集与接收是农产品质量检测的重要环节之一，需要严格遵守相关规定和标准，确保样品的代表性和准确性，为后续的检验检测工作提供可靠的依据。

（二）检验检测

根据农产品质量安全检验检测标准和方法，进行样品的理化、微生物、农药残留、重金属等指标的检验检测工作，以确保农产品符合国家和行业标准的要求。

农产品质量的检验检测是确保农产品质量安全的重要手段之一。通过对农产品进行检验检测，可以了解其是否符合国家和行业标准的要求，是否存在质量问题或安全隐患。

农产品质量的检验检测主要包括营养成分检测、外观检测、口感检测、农药残留检测、重金属检测、微生物检测。在进行农产品质量的检验检测时，需要注意四点。一是严格按照国家和行业标准进行检验检测，确保检测结果的准确性和可靠性。二是选用合适的检验方法和仪器设备，以保证检测结果的准确性和可靠性。[①]三是注意样品的选取和处理，确保样品具有代表性和准确性。四是对于不合格或不符合标准的农产品，需要进行相应的处理和处罚，以保障消费者的健康和权益。

总之，农产品质量的检验检测是确保农产品质量安全的重要手段之一，需要严格遵守相关规定和标准，选用合适的检验方法和仪器设备，注意样品的选取和处理，以确保检测结果的准确性和可靠性。

（三）数据分析与报告

农产品质量检测的数据分析与报告是农产品质量检测的重要环节之一。通过对检验检测数据进行深入分析，可以得出农产品的质量安全状况、存在的问题及其原因，为采取相应的措施提供依据。

农产品质量检测的数据分析与报告主要包括数据整理、数据分析、原因分析、风险评估、报告编写。在进行农产品质量检测的数据分析与报告时，需要注意五个方面：一是确保数据的准确性和可靠性，避免数据失真或错误。二是选用合适的数据分析方法和模型，以获得准确的分析结果。三是对数据分析结果进行深入解释和解读，确保报告内容的准确性和客观性。四是根据数据分析和原因分析的结果，提出相应的建议和措施，为采取相应的措施提供依据。五是农产品质量检测报告应该简明扼要、条理清晰、图文并茂，以便于阅读和理解。

总之，农产品质量检测的数据分析与报告是农产品质量检测的重要环节之一，需要严格遵守相关规定和标准，选用合适的数据分析方法和模型，注意数据的准确性和可靠性，以确保报告内容的准确性和客观性。

---

① 车艳华.农产品质量安全检测体系建设现状及对策探究[J].南方农业，2020，14（8）：93-94.

（四）执行农产品质量检验

执行农产品质量检验是确保农产品质量安全的重要环节之一。执行农产品质量检验的步骤如下：①采集样品。从待检测的农产品中随机采集一定数量的样品，以代表整体的情况。②样品预处理。根据检测项目的需要，对采集的样品进行预处理，如粉碎、混合、干燥、过滤等，以备后续的检验检测工作。③检验检测。根据国家和行业标准的要求，对样品的各项指标进行检验检测，如营养成分、农药残留、重金属等。④数据处理与分析。对检验检测所得数据进行处理和分析，以评估农产品的质量安全状况。⑤报告编写：根据检测结果编写报告，报告应包括样品的基本信息、检验检测数据、分析评价等内容。⑥结果反馈与处置。将检测结果反馈给相关部门或单位，并采取相应的处置措施，如对不合格的农产品进行销毁或进行再处理等。

总之，执行农产品质量检验是确保农产品质量安全的重要环节之一，需要严格遵守相关规定和标准，选用合适的方法和设备，注意样品的选取和处理，加强人员培训和管理，建立健全质量保证体系，并加强与相关部门的沟通和协作。

第二节　农产品质量检测的作用

一、指导与控制生产工艺过程

农产品生产企业通过对农产品原料、辅料、半成品的检测，以确定工艺参数、工艺要求，进而控制生产过程。

（一）原料控制

对农产品原料进行检测，确保其符合质量要求。如果发现原料存在问题，应及时采取措施进行处理，如更换供应商、调整生产工艺等。

（二）加工过程监控

在农产品的加工过程中，应定期对加工设备、操作手法、环境卫生等进行检查，确保生产过程符合规定要求。同时，应对加工过程中的关键控制点进行监控，如温度、时间、压力等，以保证产品的质量和安全性。

（三）产品检测

对生产出的农产品进行质量检测，确保其符合相关标准和规定。如果发现产品存在问题，应及时进行追溯和处理，防止问题产品流入市场。

（四）生产记录管理

建立完善的生产记录管理制度，对农产品的生产过程进行详细记录，包括原料来源、加工工艺、产品检测等信息。这有助于对生产过程进行追溯和管理，及时发现问题并采取相应的措施。

（五）人员培训

对参与农产品生产的工作人员进行定期培训，提高他们的质量意识和操作技能，以确保生产过程的规范性和产品质量的稳定性。

（六）持续改进

定期对生产过程进行评估和审计，发现存在的问题并提出改进措施。通过持续改进生产工艺和管理制度，不断提高农产品的质量和安全性。

总之，农产品质量检测指导与控制生产工艺过程是一个系统性的工程，需要从原料控制、加工过程监控、产品检测等多个方面入手，建立完善的管理制度和操作规范，确保农产品的质量和安全性。

二、保证农产品企业产品的质量

农产品质量检测是保证农产品企业产品质量的重要手段。通过质量检测，企业可以及时发现产品中存在的质量问题，及时采取改进措施，从而提高产品的质量，增强市场竞争力。

（一）质量管理体系建设

建立完善的质量管理体系，包括制定质量方针、目标、计划，明确各部门和人员的质量职责，实施质量培训、审核和改进等措施。通过质量管理体系的建设和运行，可以保证农产品质量的稳定性和持续改进。

（二）认证和标准化

通过获得相关的认证和标准化认可，可以证明企业的产品质量和安全管理水平符合国内外相关标准和规定，增强消费者对产品的信任度和市场竞争力。

（三）持续改进和创新

农产品中可能存在新的或更复杂的物质，检测设备必须及时升级。按照现行检测的最新标准，对检测设备进行维护和更新，及时改善检测条件，使农产品质量检测更加全面。因此，相关农产品企业应加强质量检测体系的建设和运行，不断提高检测能力和水平，确保农产品的质量和安全性，从而赢得消费者的信任和市场竞争力。

三、保证用户接受产品的质量

农产品质量检测是保证用户接受产品质量的必要手段。通过科学、准确的检测方法，可以确保农产品符合相关标准和规定，满足用户的需求和期望。

（一）安全性检测

农产品质量检测的首要任务是确保产品的安全性。通过检测农产品中的农药残留物、重金属含量、微生物污染等有害物质，可以防止农产品对人类健康和生态环境造成危害，确保用户能够安全地享用农产品。

（二）营养成分检测

农产品中富含多种营养成分，如蛋白质、脂肪、碳水化合物、维生素等。通过检测这些营养成分的含量和比例，可以保证农产品具有营养价值和保健功能，进而满足用户对健康饮食的需求。

（三）感官品质检测

农产品的感官品质直接影响到用户的接受程度。通过检测农产品的外观、色泽、香气、口感等感官指标，可以保证农产品具有优良的品质和口感，提高用户的接受度和满意度。[①]

（四）新鲜度检测

农产品的新鲜度是影响其品质和口感的重要因素。通过检测农产品的水分含量、呼吸速率、硬度等指标，可以判断农产品的新鲜度和成熟度，确保用户能够享受到新鲜的优质农产品。

（五）标准化认证

通过获得相关的标准化认证，如绿色食品、有机食品等，可以证明农产品的质量和安全性符合国内外相关标准和规定，进而增强用户对产品的信任度和市场竞争力。

（六）追溯体系

建立完善的农产品追溯体系，可以保证农产品的生产、加工、运输、储存和销售等环节的透明性和可追溯性。当用户对产品质量存在疑问时，可以通过追溯体系查找到产品的来源和相关信息，从而提高用户对产品的信任度和满意度。

总之，农产品质量检测是保证用户接受产品质量的重要手段。通过科学、准确的检测方法和标准化认证，可以确保农产品具有安全、营养、新鲜等优点，从而提高用户对产品的信任度和满意度。同时，建立完善的追溯体系和持续改进生产工艺等措施，可以进一步提高农产品的质量和市场竞争力。

四、政府部门对农产品质量进行宏观监控

政府部门对农产品质量进行宏观监控具有重要意义。政府部门可以通过农产品质量检测，对农产品进行全程监管，确保其质量和安全性。

① 张维虎.乡镇农产品质量安全监管存在的问题及对策[J].甘肃农业，2020（4）：75-76.

（一）监督作用

政府部门可以通过农产品质量检测，对农产品进行抽查和定期检查，了解农产品的质量和安全性情况，及时发现和解决问题，对存在质量问题的农产品进行追溯和处理，从而保证市场上的农产品质量和安全性。

（二）预警作用

农产品质量检测可以及时发现农产品中存在的质量问题，如农药残留超标、重金属含量超标等，提醒消费者注意安全，同时为政府部门提供预警信息，及时采取措施加以解决。

（三）指导作用

农产品质量检测可以为政府部门提供有关农产品质量状况的数据和信息，为制定农产品质量标准和相关政策提供依据。政府部门可以根据检测结果和市场需求，引导农产品生产、加工和销售等环节的规范化、标准化和优质化。

（四）提升形象

农产品质量检测可以促进农产品质量的提高并提供安全性的保障，进而增强消费者对农产品的信任度和市场竞争力。同时，也有助于提升我国农产品的形象和信誉，为我国农产品在国际市场上的竞争提供有力支持。

总之，农产品质量检测有利于政府部门对农产品质量进行宏观监控，保护消费者权益和健康，同时也有助于提升我国农产品的形象和国际竞争力。政府部门应加强农产品质量检测体系的建设和运行，并提高检测能力和水平，为农产品质量监管提供有力保障。

五、为农产品质量纠纷的解决提供技术依据

农产品质量检测为农产品质量纠纷的解决提供了重要的技术依据。在农产品生产和销售过程中，由于多种因素的影响，往往会出现质量纠纷，这时，农产品质量检测的结果可以作为判断纠纷原因和责任的重要依据。

（一）确认质量问题

通过农产品质量检测，可以确认农产品是否存在质量问题，如农药残留超标、重金属含量超标、营养成分不足等，这有助于明确纠纷的原因和责任方。

（二）追溯问题源头

农产品质量检测可以追溯问题的源头，如生产环节、加工环节、运输环节等。这有助于找出问题产生的关键环节，为解决纠纷提供线索。

（三）提供技术证据

农产品质量检测的结果可以作为技术证据，证明农产品是否存在质量问题。在纠纷解决过程中，检测结果可以作为重要的证据材料，支持当事人的主张。

（四）指导解决方案

根据农产品质量检测的结果，可以指导当事人采取相应的解决方案，如退货、退款、换货等。这有助于解决纠纷，维护当事人的合法权益。

（五）预防类似纠纷

通过农产品质量检测和相应的解决方案，有助于提高农产品质量和安全性，可以预防类似的质量纠纷再次发生。

总之，农产品质量检测为农产品质量纠纷的解决提供了重要的技术依据。通过检测，可以确认质量问题、追溯问题源头、提供技术证据、指导解决方案和预防类似纠纷，进而保护消费者的权益和健康，维护市场的公平和秩序。

第三节　农产品检测的实验步骤

检验工作一般都要经过样品的采集与制备、样品预处理、测定、结果分析与检验报告生成等几个步骤。具体方法将在后续章节中叙述。

一、样品的采集

农产品的种类繁多，成分复杂。同一种类的农产品，其成分及其含量也会因品种、产地、栽培措施、成熟期、加工或保藏条件不同而存在相当大的差异；同一分析对象的不同部位，其成分和含量也可能有较大差异。从大量的组成成分不均匀的被检物质中采集能代表全部被检物质的分析样品（平均样品），如果采集的样品不足以代表全部物料的组成成分，即使以后的样品处理、检测等一系列环节非常精密、准确，其检测的结果亦毫无价值，甚至得出错误的结论。可见，采样是产品分析工作非常重要的环节。

（一）采样的概念

样品的采集简称采样，也称取样、拣样，是指从大量分析对象中抽取一部分作为分析材料的过程，所抽取的分析材料称为样品或试样。采样检验适用于批量较大、价值较低、质量特性较多且质量较稳定或具有破坏性的产品检验。

（二）采样的原则

1.代表性原则

所谓代表性，是指采取的样品必须能代表全部的检测对象，代表产品整体。这是关系到检测结果和由此得出的结论是否正确的先决条件，否则，无论检测工作做得如何认真、精确都是毫无意义的，甚至会给出错误的结论。代表性原则要求被抽取的一部分样品必须具有整批产品的共同特征，以使鉴定结果能成为决定大量产品质量的主要依据。

2.典型性原则

典型性原则是指被抽取的样品能反映整批产品在某些（个）方面的重要特征，以及对产品质量造成的重大影响。如产品的变质、污染、掺杂及假冒劣质产品的鉴别。

3.适时性原则

针对组分、含量、性能、质量等会随时间或容易随时间的推移而发生变化的产品，要求及时、适时采样并进行鉴定。如新鲜果菜中各类维生素含量的鉴定及农药或杀虫剂残留量的鉴定等。

（三）采样的步骤

采集样品的步骤一般分为5步，依次如下。

一是获得检样。由分析的整批物料的各个部分采集的少量物料称为检样。

二是形成原始样品。许多份检样综合在一起称为原始样品。如果采得的检样互不一致，则不能把它们放在一起做成一份原始样品，而只能把质量相同的检样混在一起，做成若干份原始样品。

三是得到平均样品。原始样品经过技术处理后，再抽取其中一部分供分析检验用的样品称为平均样品。

四是平均样品分为3份。将平均样品平分为3份，分别作为检验样品（供分析检测使用）、复验样品（供复验使用）和保留样品（供备用或查用）。

五是填写采样记录。采样记录要求详细填写采样的单位、地址、日期、样品的批号、采样的条件、采样时的包装情况、采样的数量、要求检验的项目及采样人等资料。

（四）采样的一般方法

采样的目的在于通过尽可能少的样本所反映出的质量状况来统计推断整批产品的质量水平。所以，如何抽取对该批产品具有代表性的样品，对准确评定整批产品的平均质量显得十分重要，是关系着生产者、消费者利益的大事。所以，要正确选择采样方法，控制采样误差，以获取较为准确的检验结果。

采样通常有两种方法：随机采样和代表性取样。随机采样是按照随机的原则，从分析的整批物料中抽取出一部分样品。随机采样时，要求使整批物料的各个部分都有被抽到的机会。代表性取样则是用系统采样法进行采样，即已经掌握了样品随空间（位置）和时间变化的规律，按照这个规律采取样品，从而使采集到的样品能代表其相应部分的组成和质量，如对整批物料进行分层取样、在生产过程的各个环节取样、定期对货架上陈列时间不同的产品取样等。

两种方法各有利弊。随机采样可以避免人为的倾向性，但在有些情况下，如难以混匀的产品（如黏稠液体、蔬菜等）的采样，仅仅使用随机采样法是不行的，必须结合代表性取样，从有代表性的各个部分分别取样。因此，采样通常采用随机采样与代表性取样相结合的方式。具体的取样方法，因分析对象性质的不同而异，采样工作应按照国家标准或行业标准执行。

（五）采样注意事项

第一，一切采样工具（如采样器、容器、包装纸等）都应清洁、干燥、无异味，不应将任何杂质带入样品中。例如，检测微量和超微量元素时，要对容器进行预处理；作锌测定的样品不能用含锌的橡皮膏封口；作汞测定的样品不能使用橡皮塞；供微生物检验用的样品，应严格遵守无菌操作规程。

第二，新鲜样品采集后，应立即装入聚乙烯塑料袋，扎紧袋口，以防水分蒸发。

第三，测定重金属的果蔬样品，尽量用不锈钢制品直接采集样品。

第四，设法保持样品原有微生物状况和理化指标，在进行检测之前样品不得被污染，不得发生变化。例如，作黄曲霉毒素测定的样品，要避免阳光、紫外灯照射，以免黄曲霉毒素发生分解。

第五，感官性质极不相同的样品，切不可混在一起，应另行包装，并注明其性质。

第六，样品采集完后，应在4h之内迅速送往检测室进行分析检测，以免发生变化。

第七，盛装样品的器具上要贴牢标签，注明样品名称、采样地点、采样日期、样品批号、采样方法、采样数量、分析项目及采样人。

第八，填写蔬菜样品标签，防止样品混淆，最好填写2份，1份放入袋内，1份扎在袋口。采样结束应在现场逐项逐个检查，如采样记录表、样品登记表、样袋标签、样品、采样点位置图标记等有无缺项、漏项和错误，应及时补齐和修正。

二、样品的制备

（一）农产品样品制备

按采样规程采取的样品往往数量较多、颗粒较大，而且组成也不十分均匀。为了确保分析结果的正确性，必须对采集到的样品进行适当的制备，以保证样品十分均匀，使在分析时采取任何部分都能代表全部样品的成分。

样品的制备是指对采取的样品进行分取、粉碎、混匀等处理工作。样品的制备方法因产品类别不同而异。

1.液体、浆体或悬浮液体

一般将样品摇匀，充分搅拌。常用的简便搅拌工具是玻璃搅拌棒，还有带变速器的电动搅拌器，可以任意调节搅拌速度。

2.固体样品

应用切细、粉碎、捣碎、研磨等方法将样品制成均匀可检状态。质地软的样品（如水果、蔬菜）可取可食部分放入组织捣碎机中捣匀。各种机具应尽量选用惰性材料，如不锈钢、合金材料、玻璃、陶瓷、高强度塑料等。

为控制颗粒度均匀一致，可采用标准筛过筛。标准筛为金属丝编制的不同孔径的配套过筛工具，可根据分析的要求选用。过筛时，要求全部样品都通过筛孔，未通过的部分应继续粉碎并过筛，直至全部样品都通过为止，而不应该把未过筛的部分随意丢弃，否则将造成产品样品中的成分构成改变，从而影响样品的代表性。[①]经过磨碎过筛的样品，必须进一步充分混匀。固体油脂应加热熔化后再混匀。

3.罐头

水果罐头在捣碎前须清除果核，常用的捣碎工具有高速组织捣碎机等。

在样品制备过程中，应注意防止易挥发性成分的逸散，避免样品组成和理化性质发生变化。微生物检验的样品，必须根据微生物学的要求，按照无菌操作规程制备。

---

① 方丹，徐双娇，田新权等.农产品中农药残留检测能力验证的分析与探讨[J].农药科学与管理，2021（11）：42-45.

（二）果蔬产品样品制备

1.制样工作场地

应通风、整洁、无扬尘、无易挥发化学物质。

2.制备工具和容器

切碎新鲜样品用不锈钢食品加工机、聚乙烯塑料食品加工机、高速组织分散机、硅制刀、不锈钢切刀、不锈钢剪刀等。

磨碎干样品用不锈钢磨、旋风磨、玛瑙研钵、无色聚乙烯塑料薄膜、白搪瓷盘等。

分装容器用具塞磨口玻璃瓶、具塞无色聚乙烯塑料瓶、具塞玻璃瓶、无色聚乙烯塑料袋等，规格视量而定。

3.样品加工

（1）样品缩分

果蔬样品要经缩分分为正样与副样，副样分类保存，正样按要求加工。具体做法如下。

大白菜等大型蔬菜样品采用对角线分割法缩分。先用清水将样品洗净晾至无水分后，垂直放置，中间部分横切，然后上下部分分别进行对角线切割。

小型叶菜样品应采用随机取样法缩分。先用清水将样品洗净晾至无水分后，将整株植物（可食部分）粗切后混合均匀，随机取所需量的样品。

（2）试样制备

新鲜样品：取可食部分，用干净纱布轻轻擦去样品上的泥沙等附着物，采用对角线分割法，取对角部分，将其切碎，充分混匀，用四分法取样或直接用组织捣碎机捣碎，混合均匀成待测试样。含纤维较多的样品，如根、茎秆、叶子等，不能用捣碎机捣碎，可用不锈钢刀或剪刀切成碎片，混合均匀成待测试样，放入分装容器中备用。

干样品（一般用于重金属的测定）：可称取将新鲜样品用四分法取样后剩余部分一定量的样品，放在铺有无色聚乙烯塑料薄膜的白搪瓷盘中，放入鼓风干燥箱中在105℃加热15min杀酶，然后在60℃~70℃条件下干燥24~48h。干燥后的样品，放入干燥器内，待冷却到室温后，称量、计算样品的含水量。然后将样品用不锈钢磨、旋风磨或玛瑙研钵进行加工，使全部样品通过尼龙筛，混合均匀后制成待测样，放入分装容器中备用。

4.制作注意事项

制样中，采样时的果蔬样品标签与果蔬始终放在一起，防止混淆。制样所用工具处理一份样品后应冲洗或擦洗一次，严防交叉污染。

三、样品的保存

为了防止其水分或挥发性成分散失以及其他待测成分含量的变化（如光解、高温分解、发酵等），采取的样品应在短时间内进行分析。如果不能立即分析，则应妥善保存。保存的原则是：干燥，低温，避光，密封。

制备好的样品应放在密封洁净的容器内，置于阴暗处保存，易腐败变质的样品应保存在0℃~5℃的冰箱里，保存时间也不宜过长。有些成分，如胡萝卜素、黄曲霉毒素、维生素，容易发生光解，以这些成分为分析项目的样品，必须在避光条件下保存。特殊情况下，样品中可加入适量的不影响分析结果的防腐剂，或将样品置于冷冻干燥器内进行升华干燥来保存。此外，样品保存环境要清洁干燥，存放的样品要按日期、批号、编号摆放以便查找。

果蔬产品样品在保存时应遵循以下原则。

一是采样人员和被检单位代表共同确认样品的真实性、代表性和有效性。

二是将每份样品分别封存，粘贴封条，采样人员和被检单位代表分别在封条上签字盖章。

三是封样包装材料应清洁、干燥，不会对样品造成污染和伤害，包装容器应完整、结实、有一定抗压性。

四是蔬菜产品样品应放入冷藏箱或低温冰箱中保存，冷藏箱或低温冰箱应清洁、无化学药品等污染物。经匀浆处理后的样品短期保存（2~3天）可放入冷藏箱中，长期保存应放在低温冰箱中。

农产品的成分很复杂，既含有蛋白质、糖、脂肪、维生素及因污染引入的有机农药等大分子的有机化合物，又含有钾、钠、钙、铁等各种无机元素。这些组分之间往往通过各种作用力以复杂的结合态或络合态形式存在。当应用某种方法对其中某种组分的含量进行测定时，其他组分的存在常给测定带来干扰，为了保证分析工作的顺利进行，得到准确的分析结果，必须在测定前破坏样品中各组分之间的作用力，使被测组分游离出来，同时排除干扰组分。此外，有些被测微量组分，如污染物、农药、黄曲霉毒素等，由于含量甚少，很难检测出来，为了准确地测出它们的含量，必须在测定前对样品进行富集或浓缩。以上这些操作过程统称为样品预处理，是产品检验过程中的一个重要环节，直接关系到检验结果的客观性和准确性。

进行样品的预处理，要根据检测对象、检测项目选择合适的方法。总的原则是：排除干扰，完整保留被测组分并使之浓缩，以获得满意的分析结果。常用的方法有以下几种。

（一）有机物破坏法

主要用于产品中无机元素的测定，产品中的无机盐或金属离子，常与蛋白质等有机物质结合，成为难溶、难离解的有机金属化合物，从而失去其原来的特性。欲测定其中金属离子或无机盐的含量，需在测定前破坏有机结合体，释放出被测组分，以便分析测定。通常可采用高温或强氧化条件使有机物质分解，呈气态逸散，而被测组分残留下来，根据具体操作条件不同，又可分为干法灰化和湿法消化两大类。

1.干法灰化

这是一种用高温灼烧的方式破坏样品中有机物的方法，因而又称为灼烧法。除汞外大多数金属元素和部分非金属的测定都可用此法处理样品。其原理是将一定量的样品置于坩埚中加热，使其中的有机物脱水、炭化、分解、氧化之后，再置于高温的灰化炉（马弗炉）中（一般温度为90℃~550℃）灼烧灰化，使有机成分彻底分解为二氧化碳、水和其他气体而挥发，直至残渣为白色或浅灰色为止，所得的残渣即为无机成分，可供测定用。

2.湿法消化

此法是通过向样品中加入氧化性强酸（如浓硝酸、浓硫酸和高氯酸），并结合加热消煮，有时还要加一些氧化剂（如高锰酸钾、过氧化氢）或催化剂（硫酸铜、硫酸汞、二氧化碳、五氧化二钒等），使样品中的有机物质被完全分解、氧化，呈气态逸出，而待测成分则转化为离子状态存在于消化液中，供测试用。常用的强氧化剂有浓硝酸、浓硫酸、高氯酸、高锰酸钾、过氧化氢等。在实际工作中，经常需要多种试剂结合一起使用。

（二）蒸馏法

蒸馏法是利用液体混合物中各组分挥发度不同所进行分离的方法，具有分离和净化双重效果。根据样品中待测定成分性质的不同，常采用以下几种蒸馏方式。

1.常压蒸馏

当被蒸馏的物质受热后不发生分解或沸点不太高时，可在常压下进行蒸馏。常压蒸馏装置比较简单，加热方法要根据被蒸馏物质的沸点和特性来选择。如果沸点不高于90度，则需改用油浴、沙浴、盐浴或石棉浴，如果被蒸馏物质不易爆炸或燃烧，可直接加热，最好垫以石棉网，以保证加热均匀和安全。当被测物质的沸点高于150℃时，则需使用空气冷凝管进行冷凝。

2.减压蒸馏

当蒸馏物质在常压下蒸馏容易发生分解或其沸点太高时，可以采用减压蒸馏。减压装置通常使用水泵或真空泵。

3.水蒸气蒸馏

某些物质沸点较高，直接加热蒸馏时，因受热不均易引起局部炭化；有些被测成分，当加热到沸点时可能发生分解。这些成分的提取，可用水蒸气蒸馏。水蒸气蒸馏用水蒸气加热水和与水互不相溶的混合液体，使具有一定挥发度的被测组分与水蒸气按分压成比例地从溶液中一起蒸馏出来。

4.分馏

当需要分离的两种或两种以上互溶组分而且沸点相差很小时，可用分馏的方法进行分离。分馏是蒸馏的一种，是将液体混合物在一个设备内进行多次部分汽化和部分冷凝，将液体混合物分离为各组分蒸馏过程。

（三）溶剂提取法

在同一溶剂中，不同的物质具有不同的溶解度。利用样品各组分在某一溶剂中溶解度的差异，将各组分完全或部分地分离的方法，称为溶剂提取法或萃取。溶剂提取法很多，常用的方法是浸提法、萃取法。

1.浸提法

用适当的溶剂从固体样品中将某种待测成分浸提出来的方法称为浸提法，又称液–固萃取法。

2.萃取法

这种方法又叫溶剂分层法，是利用某组分在两种互不相溶的溶剂中分配系数的不同，使其从一种溶剂转移到另一种溶剂中，而与其他组分分离的方法。此法操作迅速，分离效果好，应用广泛。但萃取试剂通常易燃、易挥发，且有毒性。

（四）色层分离法

色层分离法又称色谱分离法，是一种在载体上进行物质分离的一系列方法的总称。根据分离原理的不同，色谱分离可分为吸附色谱分离、分配色谱分离和离子交换色谱分离等。此类方法分离效果好，尤其对一系列有机物质的分析测定，色层分离具有独特的优点，近年来在农产品分析中应用越来越广泛。

1.吸附色谱分离

利用经活化处理的聚酰胺、硅胶、硅藻土、氧化铝等吸附剂所具有的适当的吸附能力，对被测成分或干扰组分进行选择性吸附而进行的分离称为吸附色谱分离。

2.分配色谱分离

这种方法是根据不同物质在两相间的分配比不同所进行的色谱分离。两相中流动的一相称为流动相，固定不动的另一相称为固定相，被分离的组分在流动相沿着固定相移动的过程中，由于不同物质在两相中的分配比不同，当作为流动相的溶剂渗透在固定相中并向上扩展时，这些物质在两相中的分配作用反复进行，从而达到分离的目的。

3.离子交换色谱分离

离子交换色谱分离法是利用离子交换剂与溶液中的离子之间所发生的交换反应来进行分离的色谱分离方法，可分为阳离子交换和阴离子交换两种。在样品分析中，可应用离子交换分离法制备无氨水、无铅水。离子交换分离法还常用于分离较为复杂的样品。

（五）磺化法和皂化法

磺化法和皂化法是除去油脂或处理含脂肪样品时常用的方法，也用于农药分析中样品的净化。

1.硫酸磺化法

此法的原理是油脂遇到浓硫酸就发生磺化，浓硫酸与脂肪和色素中的不饱和键起加成作用，形成可溶于硫酸和水的强极性化合物，不再被弱极性的有机溶剂所溶解，从而使脂肪分离出来，达到分离净化的目的。用浓硫酸处理样品提取液，再用水清洗，可有效地除去脂肪、色素等干扰杂质。

此法简单、快速、净化效果好，但用于农药分析时，仅限于在强酸介质中稳定的农药（如有机氯农药中六六六、DDT）提取液的净化，其回收率在80%以上。但不能用于狄氏剂和一般有机磷农药，个别有机磷农药控制在一定酸度的条件下应用。

利用浓硫酸处理过的硅藻土作层析柱，使待净化的样品抽提液通过，以磺化其中的油脂，这是比较常用的净化方法。也可以不使用硅藻土而把浓硫酸直接加在样品溶液里振摇和分层处理，以磺化除去其中的油脂，这叫直接磺化法。

2.皂化法

本法是用热碱溶液处理样品提取液，以除去脂肪等干扰杂质。其原理是利用氢氧化钾乙醇溶液将脂肪等杂质皂化除去，以达到净化目的。此法仅适于对碱稳定的农药（如狄氏剂、艾氏剂）提取液的净化。在用荧光光度法测定肉、鱼、禽类及其熏制品的3，4–苯并芘时，也可使用皂化法（向样品中加入氢氧化钾回流皂化2h）除去样品中的脂肪。

（六）沉淀分离法

沉淀分离法是利用沉淀反应进行分离的方法。在试样中加入适量的沉淀剂，使被测组分沉淀下来，或将干扰组分沉淀下来，经过过滤或离心将沉淀与母液分开，从而达到分离目的。例如，测定冷饮中糖精钠含量时，可在试剂中加入碱性硫酸铜，将蛋白质等干扰杂质沉淀下来，而糖精钠仍留在试液中，经过滤除去沉淀后，取滤液进行分析。又如，用氢氧化铜或碱性乙酸铅将蛋白质从水溶液中沉淀下来，将沉淀消化并测定其中的氮量，据此可以断定样品中的纯蛋白质的含量。

在进行沉淀分离时，应注意溶液中所要加入的沉淀剂的选择。所选沉淀剂应该是不会破坏溶液中所要沉淀析出的物质，否则达不到分离提取的目的。沉淀后，要选择适当的分离方法，如过滤、离心分离或蒸发等。这要根据溶液、沉淀剂、沉淀析出物质的性质和实验要求来决定。在沉淀操作中，经常伴随有pH值、温度等条件要求，这一点应注意。

（七）掩蔽法

此法是利用掩蔽剂与样品溶液中干扰成分作用，使干扰成分转变为不干扰测定状态，即被掩蔽起来。运用这种方法可以不经过分离干扰成分的操作而消除其干扰作用，简化分析步骤，因而在农产品分析中应用十分广泛，常用于金属元素的测定。

（八）浓缩法

农产品的样品经提取、净化后，有时净化液的体积较大，在测定前需进行浓缩，以提高被测成分的浓度。常用的浓缩方法有常压浓缩法和减压浓缩法两种。

1.常压浓缩法

此法是最常用的方法，主要用于待测组分为非挥发性的样品净化液的浓缩，通常采用蒸发皿直接挥发，若要回收溶剂，则可用一般蒸馏装置或旋转蒸发器。该法的优点是简便、快速，易推广。

2.减压浓缩法

此法主要用于待测组分为热不稳定性或易挥发的样品净化液的浓缩，通常采用K–D浓缩器。浓缩时，水浴加热并抽气减压。此法浓缩温度低、速度快、被测组分损失少，特别适用于农药残留量分析中样品净化液的浓缩。

第四节　检测样品的采集与处理

在农产品质量安全检测中，样品的采集与处理是非常重要的环节。样品的采集通常包括以下步骤。

一、抽样

从一批农产品中抽取一定数量的样品，以代表整批农产品的质量。抽样数量应能满足检验项目对试样量的需要。

在农产品质量安全检测中，检测样品的抽样也是非常关键的环节之一。以下是检测样品抽样的基本步骤和注意事项。

（一）确定抽样方案

根据检测目的和要求，制订合适的抽样方案。抽样方案应包括抽样数量、抽样方式、抽样部位和抽样时间等内容。

（二）选取抽样部位

根据农产品种类和检测项目的要求，选择合适的抽样部位。例如，对于水果和蔬菜，可以选取表皮、果肉、种子等不同部位进行抽样；对于肉类，可以选取不同部位的肉进行抽样。

（三）确定抽样数量

根据检测项目的要求和农产品的实际情况，确定合适的抽样数量。通常来说，抽样数量应足够满足检测项目的需要，同时也要考虑经济性和实际操作的可行性。

（四）实施抽样

按照抽样方案的要求，采用适当的抽样方式进行抽样。常见的抽样方式包括随机抽样、系统抽样和分层抽样等。在实施抽样时，应注意保持抽样的随机性和代表性，避免人为干扰和偏见。

（五）样品运输和保存

在抽样完成后，应将样品及时运送到实验室进行检测。在运输和保存过程中，应注意保持样品的原有状态，防止样品变质、污染或损坏。

需要注意的是，样品抽样是农产品质量安全检测的重要环节之一，对检测结果的准确性和可靠性有着重要的影响。因此，在抽样过程中，应严格按照检测标准和要求进行操作，保证抽样的代表性和均匀性，避免出现偏差和失误。[①]同时，还要加强对抽样过程的监督和管理，确保抽样过程的规范性和合法性。

二、取样

在农产品质量安全检测中，取样是重要环节之一。从抽样中选取一定数量的样品进行检测，应严格按照检测标准进行取样，以保证样品的代表性和均匀性。

（一）取样前的准备

在进行取样前，应充分了解被检农产品的特点、生产情况、存储条件等信息，确定取样方案和取样数量，并准备好必要的取样工具和容器。

（二）取样时机的选择

取样的时机应根据农产品的特点、生产情况和检测目的来确定。通常应在农产品成熟或收获后尽快进行取样，以保证样品的代表性和真实性。

（三）取样部位的选择

取样的部位应具有代表性，能够反映农产品的整体质量。对于不同的农产品，应根据其特点和检测要求来确定取样部位。例如，对于叶菜类蔬菜，可以选取不同生长阶段的叶片进行取样；对于水果，可以选取不同大小、颜色和成熟度的果实进行取样。

（四）取样方法

取样方法应根据农产品的特点和检测要求来确定。常用的取样方法包括随机取样、对角线取样、五点取样等。在取样时，应避免主观性和随意性，以保证取样的客观性和准确性。

① 袁青.农产品中农药残留检测能力验证存在的问题以及关键点控制[J].农业开发与装备，2021（3）：100-101.

（五）样品的混匀和缩分

在取得一定数量的样品后，应进行充分的混匀和缩分，以保证样品的代表性和均匀性。混匀时可以采用搅拌、旋转等方法，缩分时可以采用四分法或分样器等方法。

（六）样品的标识和保存

在取样完成后，应对样品进行标识和保存。标识应包括样品名称、取样时间、取样部位等信息；保存时应选择适当的容器和保存条件，以保证样品的原有状态和真实性。

需要注意的是，在取样过程中，应严格遵守无菌操作的要求，避免污染和交叉污染；同时，还要保证取样的数量足够满足检测项目的需要，避免出现样品不足或浪费的情况。此外，取样人员应具备相应的专业知识和操作技能，以保证取样的准确性和可靠性。

三、制样

将选取的样品进行处理，以适应检测方法的要求。例如，对于大块的样品，应切割成小块或粉碎、过筛，过筛时不能有物料的损失和飞溅，并全部过筛，然后将原始样品充分混匀后，采用四分法进行缩分，直至需要的样品量。

在农产品质量安全检测中，制样是重要环节之一。

（一）制样前的准备

在进行制样前，应准备好必要的制样工具和设备，如粉碎机、研磨器、压片机等。同时，还要根据检测项目的需要，选择合适的制样方法，并确定制样的数量和规格。

（二）制样方法的选择

制样方法应根据农产品的特点和检测要求来确定。不同的农产品应采用不同的制样方法。例如，对于液体样品，可以采用过滤、萃取等方法进行制样；对于固体样品，可以采用粉碎、研磨、压片等方法进行制样。在制样时，应注意避免样品污染和交叉污染。

（三）样品的处理

在制样过程中，应对样品进行必要的处理，如干燥、粉碎、研磨等。处理时应根据农产品的特点和检测要求来确定合适的处理条件和操作方法。例如，对于叶菜类蔬菜，可以将其切碎后进行粉碎处理；对于水果，可以将其去皮去核后进行研磨处理。

（四）样品的存储和运输

在制样完成后，应对样品进行存储和运输。存储时应选择适当的容器和保存条件，以保证样品的质量和安全性；运输时应选择合适的运输方式和运输工具，以保证样品的完整性和可靠性。

（五）制样的记录和标识

在制样过程中，应对每个环节进行详细的记录和标识，包括样品名称、制样时间、制样人员、制样方法等信息。记录和标识应清晰、准确、完整，以保证样品的质量和可追溯性。

需要注意的是，在制样过程中，应避免污染。同时，还要保证制样的数量足够满足检测项目的需要，避免出现样品不足或浪费的情况。此外，制样人员应具备相应的专业知识和操作技能，以保证制样的准确性和可靠性。

农产品质量安全检测中样品的采集与处理是保证检测结果准确性和可靠性的重要环节。在实际操作中，应根据不同的农产品和检测项目，选择合适的采样和处理方法，并严格按照检测标准进行操作，以保证检测结果的准确性和可靠性。

第五节　检测仪器的准备与使用

一、分析天平的使用

（一）普通标牌天平的使用

1.预备和检查

第一，称量前取下天平箱上的布罩，叠好后放在天平箱右后方的台面上。

第二，操作人员应面对天平端坐，记录本放在胸前的台面上，砝码盒放在天平箱的右侧，接受和存放称量物的器皿放在天平箱的左侧。

第三，检查砝码是否齐全，放置的位置是否正确。检查砝码盒内是否有移取砝码的镊子。检查圈码是否齐全，是否挂在相应的圈码钩上，圈码读数盘的读数是否在零位。

第四，检查天平梁和吊耳的位置是否正常，检查天平是否处于休止状态，检查天平是否处于水平位置。如不在水平位置，可调节天平箱前下角的两个螺丝，使水准器中的气泡位于正中。

第五，察看天平秤盘上是否有粉尘或其他落入的物质，若有，则可用软毛刷轻轻扫净。

2.天平零点调节

零点是指未载重的天平处于平衡状态时，指针所指的标尺刻度。检查天平后，端坐于天平前面，沿顺时针方向轻轻转动旋钮（即打开天平），使天平梁放下，待指针稳定后，看微分标牌的“0”刻度与投影屏上的标线是否重合。若不重合，当位差较小时，可拨动天平箱底板下的拨杆，使其重合；若位差较大，先调节天平梁上的平衡螺丝，再调节拨杆使其重合，然后沿逆时针方向轻轻旋转旋钮，将天平梁托起（即关上天平）。此时，天平的零点已调节为“0”。

3.称量

打开左侧橱门，把在台秤上粗称过的被称量物放在左盘中央，关闭左侧橱门，在右盘上按粗称的质量加上砝码，关闭右侧橱门，再分别旋转圈码转盘外圈和内圈，加上粗称质量的圈码。缓慢开启天平升降旋钮，根据指针或缩微标尺偏转的方向，决定加减砝码或圈码。当砝码比物体重时，关闭升降旋钮，减少砝码或圈码后再称；反之，则应增加砝码或圈码。反复调整直至开启升降旋钮后，投影屏上的刻度线与缩微标尺上的刻度线在0.00~10.00mg之间为止。

4.读数

缩微标尺稳定后即可读数，其中缩微标尺上一大格为1mg、一小格为0.1mg，若刻度线在两小格之间，则按四舍五入的原则取舍，不要估读。读取读数后应立即关闭升降旋钮，不能长时间让天平处于工作状态，以保护玛瑙刀口，保证天平的灵敏性和稳定性。称量结果应立即如实记在记录本上，不可记在手上或碎纸片上。

天平的读数方法：砝码+圈码+微分标尺，即小数点前读砝码，小数点后第一位、第二位读圈码（转盘前两位），小数点后第三位、第四位读微分标尺。

5.复原

称量完毕，取出被称量物，砝码放回到砝码盒内，圈码指数盘复位，拔下电源插头，罩好天平布罩。

6.注意事项

第一，处于承重工作状态的天平不允许进行任何加减砝码、圈码的操作。开启升降旋钮和加减砝码、圈码时应做到“轻、缓、慢”，以免损坏机械加码装置或圈码掉落。

第二，不能用手直接接触砝码，应该用镊子夹取。

第三，不能在天平上称量热的或具有腐蚀性的物品，也不能在金属托盘上直接称量药品。

第四，加减砝码的原则是由大到小，减半加码，不可超过天平所允许的最大载重量（200g）。

第五，每次称量结束后，要认真检查天平是否休止，砝码是否齐全地放入砝码盒内，机械加码旋钮是否恢复到零的位置。全部称量完毕后关好天平橱门，切断电源，罩上布罩，整理好台面，填写好使用记录本。

第六，不得任意移动天平位置。

（二）电子天平的使用

1.特点

电子天平结构上没有刀口，仅有支点弹簧片；具有去皮装置，直接显示称重物质量，具有高智能化的特点，可在全量程范围内实现去皮、累加、超载显示、故障报警等。

2.操作步骤

第一，检查水平。操作前检查天平是否水平，否则可调节支架螺丝使水准器中的气泡处于正中央。

第二，接通电源。接通电源预热，预热时间按仪器说明书进行。

第三，校准。首次使用天平必须校准，将天平移动或使用一段时间（30天左右）后，应对天平重新校准。

第四，称量。按下显示屏的开关键，待显示稳定在零点后，将物品放到秤盘上，关上防风门，显示稳定后即可读取称量值。使用相应的键可以实现“去皮”“增重”“减重”等功能。

3.注意事项

第一，电子天平的重力电磁传感器簧片（一般共有6~8片）细而薄，极易受损，且天平的精度越高，其重力传感簧片就越薄，所以在使用中应特别注意加以保护，不要向天平上加载质量超过其称量范围的物体，绝不能用手压秤盘或使天平跌落地上，以免损坏天平或使重力传感器的性能发生变化。另外，称量一个物体（特别是较重的物体）一般不要超过30s，搬动和运输时应将秤盘及其托盘取下来。

第二，电子天平实际上是测量地球对放在秤盘上的物体的引力（重力）的仪器，因此具有误差，这并不表示天平有任何故障，按各型号电子天平说明书上介绍的方法用计量部门认可的标准砝码进行校正后，即可进行准确称量。

第三，电子天平的校正机构一般分三大类，即全自动校正、半自动校正和手动校正。①全自动校正，内含标准砝码和电机伺服机构，只需按一个功能键即可在数十秒钟内完成校正，一般新型的电子天平均采用全自动校正机构。②半自动校正，内装标准砝码但无电机伺服机构，在进入校正程序后，需要手动加载和卸下校正码。③手动校正，天平内没有标准砝码和电机伺服机构，需要手动进入校正程序并外加标准砝码进行校正，一般精度较低的天平采用手动校正。电子天平是对环境高度敏感的精密电子测量仪器，使用时应小心操作，安装台面应无明显震动，不要放在空调口，若这些条件不能满足，应采取一些改进措施，如变更使用地点、装上防风罩等，同时要注意调整底角螺丝，使水准器的气泡居中。天平未调好水平也是产生称量误差的原因之一。

二、玻璃器皿的准备

（一）玻璃器皿洗液的配制（铬酸洗液）

铬酸洗液是实验室中最常用的玻璃仪器洗涤剂。铬酸洗液的配制方法是：取100ml工业硫酸置于烧杯中，小心加热，而后缓慢加入5g重铬酸钾粉末，边搅拌边加入，待重铬酸钾完全溶解后冷却至室温备用。也可称取5g重铬酸钾粉末，置于250ml烧杯中，加水5ml，尽量使其溶解，而后缓慢地加入100ml浓硫酸，边搅拌边加入，冷却至室温备用。

通常情况下，铬酸洗液可以反复使用，而且主要以去除应用常规方法很难去除的污垢为目的。为了确保洗涤效果，使用时应当注意如下事项：①使用前必须先将待洗涤的玻璃器皿用清水清洗干净，去除肥皂液、去污粉或各种废液，而后再使用洗液清洗玻璃器皿。②如果玻璃器皿上粘有凡士林等，应当先用软纸擦拭，再用乙醇、乙醚等有机溶剂溶解，最后再使用洗液洗涤。③使用时应当尽量避免稀释，如果需要加快洗涤速度，可以将洗液加热至40℃~50℃。④将待洗涤玻璃器皿先按有无油污或洗涤难易程度等进行分类，而后分别进行相应处理和洗涤。

（二）玻璃器皿的清洗

实验室所用玻璃仪器应当保持清洁，否则会造成实验结果较大的误差，甚至导致实验失败。因此，玻璃仪器的洗涤清洁工作十分重要。经过洗涤后的玻璃器皿器壁上不应挂有水珠。

1.初用玻璃器皿的清洗

新购入的玻璃器皿常附着一些碱性杂质，可先用肥皂水或去污粉水洗刷干净，然后浸泡在质量分数为1%~2%的盐酸溶液中过夜，次日用自来水冲洗，最后用蒸馏水冲洗2~3遍。洗涤至器壁上不挂有水珠后，于100℃~130℃烘箱中备用。

2.使用过的玻璃器皿的清洗

（1）试管、烧杯、锥形瓶以及量筒的清洗

先用自来水刷洗干净，而后用肥皂水或去污粉水洗刷，再用自来水冲洗，最后用蒸馏水冲洗2~3遍。洗涤至器壁上不挂有水珠后，于100℃~130℃烘箱中烘干备用。

（2）吸管、滴定管以及容量瓶等器皿的清洗

在使用结束后，应立即倒出试剂，并浸泡于凉水中。工作结束后用流水清洗去除杂质，晾干后浸泡于铬酸洗液中（保持4~6h），再用自来水充分冲洗，最后用蒸馏水清洗2~3遍，洗涤至器壁上不挂有水珠后风干备用。

三、容量器皿的使用

（一）移液管的使用

移取溶液前，先用吸水纸将尖端外的水吸除，然后用待吸溶液转洗3次，管内用过的溶液从下管口放出弃掉。

吸取溶液时，将移液管直接插入液面下2cm深处。用右手拿移液管，左手拿洗耳球，排出球内空气，紧接管口上，使溶液缓慢上升，管内溶液上升至标线以上时，移去洗耳球，右手食指迅速按紧管口，把移液管提出液面，用滤纸将移液管外的黏液抹干，左手拿容器，倾斜45°，将管的尖端垂直紧贴容器内部，食指稍松，使液面缓慢下降，待管中溶液的凹液面与刻度线相切时，用食指紧按管口，使溶液不再外漏，此时溶液恰好为管上所示容量。

用左手拿另一洁净的容器，右手将移液管放入容器，松开右手食指，待溶液自然流完，停15s后取出移液管。凡移液管上未写“吹”字的，其残留液不用吹出，若管上标有“吹”字，其残留液必须吹出。

（二）吸量管的使用

吸量管的使用方法与移液管基本相同，只是它可以分多次放出溶液，放出的

体积以管上刻度为准。应小心操作，谨防放过刻度。

（三）容量瓶的使用

检漏：先注入自来水至标线，盖好瓶塞，将外壁及瓶口溶液吸干，将瓶倒立2min，观察瓶口处是否有水渗出。若不漏水，把磨口瓶塞旋转180°，塞紧，照前法倒置，若仍不漏水，则可以使用。

洗涤：用洗液洗涤，然后分别用自来水、蒸馏水冲洗。

在容量瓶中配制溶液：将准确称取的固体试剂放在小烧杯中，加少量溶剂，搅拌使其溶解，并将烧杯中的溶液沿玻璃棒转入容量瓶中，烧杯要冲洗3~4次，每次的洗涤液按同样的方法转移至容量瓶中，继续加溶剂，至接近刻度线时，需用胶头滴管逐滴加入溶剂，至弯液面与刻度线相切。盖上瓶塞，用左手食指压紧，右手托住瓶底，倒立容量瓶，边倒转边振摇，反复多次，使瓶内溶液充分混匀，即得一定体积和一定浓度的溶液。

若是溶液的定量稀释，只需用精密量器准确移取一定体积的浓溶液，直接放入容量瓶，然后加溶剂至刻度。

（四）注意事项

移液管或吸量管用毕，应随手放在移液管架上，做完实验时，依次用自来水、蒸馏水冲洗干净，放在移液管架上，如果尖端被碰坏，则不能再用。

容量瓶的磨口玻璃塞是配套的，不能随便和其他容量瓶调换。一般用橡皮筋或细绳把它系在瓶颈上，以防调换或掉下摔破。

在容量瓶中配制溶液时，一定要将热的溶液冷却之后，再转移到容量瓶中。

不能将固体试剂直接放进容量瓶中配制溶液。

容量瓶只能用来配制溶液，不能用来贮存溶液，特别是不能用来贮存强碱溶液。配制完毕，要转入试剂瓶中贴上标签备用。

四、滴定管的使用

（一）类型与结构

滴定管分为酸式滴定管（装酸性或具有氧化性的滴定液）、碱式滴定管（装碱性或具有还原性的滴定液）和自动滴定管。常量滴定管的容量限度为50ml和25ml，最小刻度为0.1ml，而读数可以估计到0.01ml；10ml滴定管用于半微量分析；1~5ml微量滴定管用于微量分析。

酸式滴定管下端有一玻璃活塞，用以控制滴定过程中溶液的流出速度。

碱式滴定管的下端用橡皮管连接一个带有尖嘴的小玻璃管。橡皮管内装有一个玻璃珠，用以堵住溶液。

自动滴定管两通气口装有硅胶干燥剂，滴定液装在贮液瓶中，通过双联打气球，打气入瓶，将滴定液压入滴定管内，当液面超过“0.00”处，液体自动吸回，即能自动调节零点。自动滴定管常用于非水溶液滴定或用于水分测定等。

（二）使用方法

第一，洗涤，洗涤方法同容量瓶。

第二，涂凡士林，将酸式滴定管平放在实验台上，取下活塞小头处的橡皮圈，用滤纸将玻璃塞表面和套中的水擦干，用手指蘸少许凡士林在活塞的两头各涂上薄薄的一层。凡士林要适量，不能涂得太多，以免堵塞滴定管。将涂好的活塞插入活塞套中，压紧后向同一方向旋转活塞。直到凡士林均匀透明为止。转动活塞是否正常，再检查是否漏水。若仍然漏水，说明凡士林涂得不够，需重复上述操作。如果达到上述要求，在活塞的小头套上橡皮圈，即可使用。

第三，检漏，将滴定管装满水垂直置于滴定管架上，静置2min后观察酸式滴定管的下口有无水珠滴出、活塞两端缝隙有无水渗出，然后把玻璃塞转动180°，照前法再观察，若两次均无水漏出，即可使用。碱式滴定管观察下口处有无水滴流出，若不漏水，则检验完毕。

第四，装滴定液，滴定液装入之前，要用该滴定液润洗滴定管2~3次，以除去管内残留水分，保证滴定液浓度不变。每次倒入5~10ml，从试剂瓶直接倒入滴定管，不能借用任何其他容器（如漏斗、烧杯等）。滴定管处理完毕，即可将滴定液直接倒入管内，溶液面至“0”刻线上停止。

第五，排气泡，当滴定液装入滴定管时，出口管还没有充满溶液。此时将酸式滴定管倾斜约30°，左手迅速打开活塞使溶液冲出，就能充满全部出口管。如果使用碱式滴定管，则把橡皮管向上弯曲，玻璃尖嘴斜向上方，用两指挤压玻璃珠，使溶液从出口管喷出，气泡随之逸出。

第六，滴定操作将碱式滴定管夹在滴定管夹上（左边），酸式滴定管夹在滴定管夹上（右边），活塞柄向外，滴定管保持垂直。

滴定操作在锥形瓶中进行，便于振摇，溶液不易外溅。必要时可在烧杯中进行，注意小心搅拌，或用自动搅拌器进行磁力搅拌。

酸式滴定管用左手控制活塞，大拇指在前，食指和中指在后，轻轻向内扣住活塞，手心空握以防将活塞顶出，滴定时要根据需要量来旋转，要练习快慢速度控制自如；右手握锥形瓶，边滴定边振摇。碱式滴定管应控制好玻璃珠，左手拇指在前，食指在后，捏住玻璃珠部位稍上方的橡皮管，无名指和小指夹住尖嘴玻璃管，向手心挤捏橡皮管，使其与玻璃管形成一条缝隙，溶液即可流出，可利用手指用劲大小控制滴定速度。滴定开始时速度可稍快，但不能太快。接近终点时速度应放慢，每滴加一滴都要观察颜色变化，最后半滴半滴地加，若要滴加半滴则将悬挂在管口的半滴滴定液与锥形瓶内壁接触，再用少量蒸馏水将其冲洗并振摇。

第七，滴定时的注意事项：①边滴定边振摇，向同一方向做圆周运动，用烧杯滴定时，也向一个方向搅动，切勿让溶液溅出。②滴定时，注意观察滴定液落下时溶液周围的颜色变化。③溶液或滴下的滴定液沾在锥形瓶或烧杯内壁时，可用洗瓶吹下或转动锥形瓶使待测液与滴定液充分混合。[①]④平行测定几份样品时，每次滴定都从“0.00”刻线开始，前次完成，重新充满，再进行滴定，这样记录数据方便，而且可减小误差。

第八，读数注入或放出溶液后稍等2min，待附着于内壁的溶液流下后再开始读数。读数时应将滴定管取下，用右手拇指和食指捏住滴定管上部无刻度处，使滴定管保持垂直状态，视线与液面下最低处在同一水平线上，而深色溶液由于弯液面不够清晰，所以视线与液面两侧的最高点在同一水平线上。常量滴定管读数可估读到小数点后第二位，如25.83ml、22.10ml，读取后立即记录在实验记录本

① 姜兴华.农产品农药残留检测能力验证的质量控制与技巧分析[J]. 现代食品，2019（23）：4-6.

上，一次滴定的始末两次读数要由一个人用同样的方法读取，以减小误差。

第九，滴定后的处理滴定完毕，滴定管内的溶液应弃去，不能倒回原试剂瓶中。滴定管用水冲洗干净，充满蒸馏水，垂直夹在滴定管架上，上口用试管盖住，或洗干净后倒夹在滴定管架上（防止灰尘落入）。

第十，记录酸碱滴定数据。

第六节 检测试剂的配制

检测试剂的配制是一个复杂而精确的过程，需要遵循一定的化学和实验室安全原则。在配制检测试剂时，大致步骤包括以下几个方面。

一、确定试剂配方

根据实验需求，确定所需的试剂种类、浓度和配方。这通常涉及查找专业文献、标准方法或厂商提供的配方。

确定试剂配方是一个基于实验需求和目标的过程，通常涉及以下步骤。

第一，明确实验目标。首先需要明确实验的具体目标，如检测某种特定物质、测量某种化学反应的活性等。这将有助于确定所需的试剂类型和浓度。

第二，查阅文献和资料。根据实验目标，查阅相关的科学文献、专业书籍、实验室操作手册等，以获取关于试剂配方的指导和建议。这些资料通常会提供经过验证的配方和浓度范围。

第三，参考标准方法。有些实验可能有标准化的操作方法，其中包括推荐的试剂配方，参考这些标准方法可以确保实验的准确性和可重复性。

第四，厂商推荐和专家咨询。与试剂供应商联系，获取他们推荐的试剂配方。此外，咨询领域专家或经验丰富的实验室技术人员，他们可能会提供有关试剂配方的实用建议。

第五，预实验和优化。在确定初步的试剂配方后，进行预实验以验证配方的可行性。根据需要，可以对配方进行优化，如调整试剂浓度、pH值、反应温度等，以获得最佳的实验结果。

请注意，试剂配方可能因实验需求、目标物质性质、检测设备和方法的不同而有所调整。因此，在确定试剂配方时，务必充分考虑这些因素，以确保实验的准确性和成功性。

二、准备设备和材料

准备配制试剂所需的设备，如称量纸、烧杯、量筒、磁力搅拌器等，以及所需的原材料或纯化学品。

（一）设备

精确称量设备：如电子天平，用于准确称量试剂。

容器：如烧杯、瓶子等，用于盛装和混合试剂。

量具：如量筒、移液管等，用于量取特定体积的液体。

磁力搅拌器：用于溶解和混合试剂。

酸度计或pH试纸：用于调整溶液的pH值。

过滤器或滤纸：用于过滤杂质，得到清澈的溶液。

（二）材料

检测试剂的原材料：根据所需要的试剂配方，购买相应纯度的化学品。

溶剂：用于溶解试剂的合适溶剂，如蒸馏水、乙醇等。

其他添加剂：如果试剂配方中需要，可准备相应的缓冲液、稳定剂等。

请注意，以上设备和材料仅提供了一般性准备的建议。根据具体试剂需求和实验条件，可能还需要其他特定的设备和材料。因此，在实际操作前，需要再次核对试剂配方和实验要求，并确保准备所需的设备和材料。

三、精确称量

在检测试剂的配制过程中，精确称量是非常重要的一步。使用精确的称量设备，按照配方准确地称量各种试剂，确保称量的精度和准确性，避免浓度误差。

（一）选择合适的称量设备

根据所需试剂的量程和精度要求，选择合适的称量设备。电子天平通常具有较高的精度和稳定性，能够满足大部分称量需求，确保所选设备的精度和量程符合实验要求。

（二）校准称量设备

在使用称量设备之前，进行设备校准是非常重要的。这可以确保设备的准确性和可靠性。按照设备制造商提供的校准程序进行操作，并定期检查设备的校准状态。

（三）准备合适的称量环境

确保称量设备放置在稳定、平坦的表面上，并避免受到外部干扰，如气流、震动等。此外，要注意环境的温度、湿度等因素，因为它们可能会影响称量结果的准确性。

（四）使用适当的称量容器

选择适当的称量容器，如称量纸、称量盘等，用于放置试剂进行称量。确保容器干净、干燥，并且不会影响试剂的重量。

（五）注意操作细节

在称量过程中，要注意一些操作细节。首先，关闭称量设备的防风罩，以避免气流对称量的干扰。其次，使用适当的工具，如镊子或勺子，轻轻地将试剂放置在称量容器上，避免用力过猛或触碰容器边缘。最后，等待片刻以确保试剂稳定后，再进行读数记录。

四、溶解和混合

在检测试剂的配制过程中，溶解和混合是关键步骤之一，确保试剂充分溶解并均匀混合对于获得准确的实验结果至关重要。进行试剂的溶解和混合，需要注意以下几个方面。

（一）选择合适的溶剂

根据试剂的性质和配方要求，选择适当的溶剂。常用的溶剂包括蒸馏水、乙醇、甲醇等。确保溶剂的纯度符合实验要求，避免使用含有杂质的溶剂。

（二）逐步添加试剂

将称量好的试剂逐步添加到溶剂中，同时用玻璃棒或磁力搅拌器进行搅拌。逐渐添加试剂有助于避免溶解过程中的浓度梯度和不均匀混合。

（三）控制温度和搅拌速度

在溶解和混合过程中，控制适当的温度和搅拌速度可以提高溶解效率和混合均匀度。根据试剂的性质和配方要求，选择合适的温度和搅拌速度。避免过高的温度和搅拌速度，以免引起试剂的降解或不良反应。

（四）观察溶解情况

在溶解过程中，密切观察试剂的溶解情况。确保试剂充分溶解，并注意观察是否有沉淀、颜色变化等异常情况。如有需要，可以调整溶剂的量或搅拌方式来促进试剂的溶解。

（五）混合均匀

在试剂完全溶解后，继续搅拌一段时间以确保试剂混合均匀。这有助于消除浓度梯度和提高实验结果的重复性。

不同的试剂和配方可能需要不同的溶解和混合条件。因此，在实际操作中，建议参考相关文献、标准方法或厂商提供的指导，以获得更具体和准确的溶解和混合要求。

五、调整pH值和温度

在检测试剂的配制和使用过程中，调整pH值和温度是常见的操作步骤，它们对实验结果和试剂的稳定性都有一定的影响。以下是一些关于调整pH值和温度的建议。

（一）调整pH值

根据实验要求，选择适当的酸度计或pH试纸来测量溶液的pH值。这些设备可以提供准确的结果，帮助确定是否需要调整pH值。

1.选择合适的缓冲液

如果需要调整pH值，就要选择适合试剂性质的缓冲液。常见的缓冲液包括磷酸盐缓冲液、硼酸盐缓冲液等。根据试剂的配方和实验要求，要选择适当的缓冲液种类和浓度。

2.逐步调整pH值

使用酸度计或滴定管，逐步调整溶液的pH值。根据酸度计或pH试纸的读数，缓慢添加酸或碱，并密切观察溶液的pH值变化。避免一次性加入过多的酸或碱，以免引起pH值的剧烈变化。

3.再次测量确认

在调整pH值后，再次使用酸度计或pH试纸测量溶液的pH值，以确保调整后的pH值符合实验要求。

（二）调整温度

1.使用恒温设备

根据实验要求，选择适当的恒温设备，如水浴、加热板或恒温器。这些设备可以帮助控制溶液的温度，确保实验在设定的温度条件下进行。

2.设定适宜的温度

根据试剂的性质和实验要求，设定适宜的反应温度。请注意，过高的温度可能导致试剂的降解或反应速度的增加，而过低的温度则可能减缓反应速度或影响灵敏度。

3.逐步调节温度

在设定适宜的温度后，使用恒温设备将溶液逐步加热到所需温度，应避免过大的温度变化，以免对试剂产生不利影响。

4.保持温度稳定

在实验过程中，尽量保持温度稳定，以避免对实验结果产生干扰。

请注意，调整pH值和温度的操作应基于对试剂性质和实验要求的充分了解。在不确定的情况下，建议查阅相关文献或咨询专业人士的意见，以确保操作的准确性和可靠性。

六、过滤和澄清处理

在检测试剂的配制和使用过程中，过滤和澄清处理是确保试剂质量和准确性的重要步骤之一。

（一）过滤

根据试剂的性质和实验要求，选择合适的滤纸或过滤器。对于一些需要高精度过滤的试剂，使用具有合适孔径的滤膜或超滤器。

1.进行预过滤

在过滤前，可以先将试剂预过滤，去除明显的颗粒物或杂质，这有助于保护滤纸或过滤器的性能，并确保试剂的清澈度。

2.正确操作过滤器

根据过滤器的类型和操作要求，正确安装和操作过滤器，确保滤纸或膜的放置位置正确，同时要注意避免空气泡的产生。对于一些需要加压过滤的试剂，控制适当的压力流量以确保过滤效果。

3.观察过滤效果

在过滤过程中，观察试剂的过滤效果。如果发现滤液浑浊或有杂质，可以更换滤纸或调整过滤条件，重新过滤。

（二）澄清处理

1.自然澄清

对于一些不需要特殊处理的试剂，可以将其静置一段时间，使悬浮物自然沉降或凝结成絮状物，这种方法适用于一些澄清度要求不高的试剂。

2.离心分离

对于含有悬浮物或颗粒物的试剂，可以考虑使用离心分离的方法。将试剂装入离心管中，在离心机上以适当的转速离心一定时间，使悬浮物沉积在管底。

3.絮凝剂使用

根据试剂的性质和要求，可以添加适量的絮凝剂来加速悬浮物的沉降。常见的絮凝剂包括明矾、聚丙烯酰胺等。但需注意，添加絮凝剂可能会对试剂的化学性质产生一定影响。

4.微滤或超滤

对于一些需要高精度澄清的试剂，可以使用微滤或超滤的方法。选择合适的滤膜或超滤器，在适当的压力下进行过滤，以去除微小的颗粒物和杂质。

七、储存和标记

将配制好的试剂储存于适当的容器中，并标记清楚试剂的名称、浓度、配制日期等信息。注意储存条件的控制，避免光照、高温或潮湿等不利因素。

（一）储存

1.合适的储存容器

选择适当的储存容器来存放试剂。确保容器干净、干燥，并且与试剂相容，不会对其产生不良反应。

2.储存条件

根据试剂的性质和要求，严格控制试剂的储存条件。一般来说，多数试剂应存放在阴凉、干燥、通风良好的地方，避免阳光直射和过高的温度。[①]有些试剂可能需要低温储存，所以要确保冷藏设备的工作正常，并定期检查温度。

3.有效期管理

注意试剂的有效期，并确保在有效期内使用。过期的试剂可能会导致实验结果的不准确，因此不建议使用。

4.安全储存

对于有毒、易燃或有其他危险性质的试剂，应特别小心储存，并遵循相关的安全操作规程，确保储存区域配备适当的防护设备和应急措施。

（二）标记

1.清晰标识

在试剂储存容器上贴上清晰的标签，标明试剂的名称、浓度、批号、有效期

---

① 帅云，万宏伟，王娟等.农产品质量安全检测机构农药残留检测能力验证的方法与技巧[J].现代食品，2018（22）：84-87.

等重要信息。这有助于识别和管理试剂，并避免混淆和误用。

2.警示标识

对于有特殊危险性质的试剂，应在标签上加上相应的警示标识，如易燃、有毒、腐蚀等。这可以提醒使用者注意安全，并采取必要的防护措施。

3.储存记录

建立试剂的储存记录，包括试剂的入库日期、数量、储存位置等信息。这有助于追踪试剂的使用情况和库存管理，确保试剂的正确使用和补充。

通过合理的储存和标记管理，可以确保检测试剂的质量和稳定性，提高实验的准确性和可靠性。同时，也有助于保障实验室的安全和高效运行。

第七节　检测报告的编制

检测报告的编制是一个系统性和细致的过程，它涉及将实验数据转化为有意义的信息，并以清晰、准确的方式呈现出来。农产品检测报告的编制是确保农产品质量和安全的重要环节。以下是一份农产品检测报告的基本结构和内容。

一、标题页

检测报告标题页通常包括以下信息：①检测报告的标题或标识，如“农产品质量检测报告”等；②检测机构的名称和标识，如“××农产品质量检测中心”等；③报告的版本号、日期和唯一标识符，以方便查询和管理；④检测报告的目录，列出报告中包含的各个部分及其页码；[①]⑤其他相关信息，如检测报告的使用说明、注意事项等。

在制作检测报告标题页时，应注意设计简洁、清晰，突出主题，同时使用规范的语言和字体，以确保信息的准确性和易读性。

① 王璐，刘潇威，彭祎等.我国农产品质量安全检测机构农药残留检测能力验证现状分析[J].农业环境与发展，2012（3）：90-92.

二、摘要

检测报告摘要通常包括以下信息：①检测样品的来源和标识，如样品名称、编号等；②检测样品的种类和数量，以及取样地点和时间等。③检测项目和检测方法，包括检测目的、检测指标、检测原理、检测步骤等。④检测结果和结论，包括各项检测指标的数值、平均值、标准差等，以及综合评价和结论等。⑤其他相关信息，如检测报告的局限性、误差分析等。

在撰写检测报告摘要时，应注意简洁明了，突出重点，使用规范的语言和表述方式，以确保信息的准确性和易读性。同时，应避免使用过于专业化的术语和表述方式，以确保广大读者能够理解并接受。

三、介绍

检测报告介绍通常包括以下内容：①检测目的和背景。说明本次检测的目的和背景，如为何需要进行本次检测、检测的依据和标准等。②检测样品和取样方法。介绍检测样品的来源、种类、数量、取样地点和时间，以及取样方法和注意事项等。③检测项目和检测方法。列出本次检测的具体项目和检测方法，包括检测原理、检测步骤、检测仪器和试剂等。④检测结果和数据分析。展示本次检测的结果和数据分析，如各项检测指标的数值、平均值、标准差等，以及综合评价和结论等。⑤检测结论和建议。根据本次检测的结果和数据分析，得出综合评价和结论，并针对存在的问题提出建议和措施等。⑥其他相关信息：如检测报告的局限性、误差分析、参考文献等。

在撰写检测报告介绍时，应注意结构清晰、层次分明，突出主题和重点。同时，应使用规范的语言和表述方式，以确保信息的准确性和易读性。

四、样品信息

检测报告的样品信息通常包括以下内容：①样品名称。给出被检测样品的准确名称，确保能够清晰标识出样品的种类。②样品编号。为每个样品分配一个唯一的编号，以便于识别和跟踪。③样品数量。注明所提供的样品数量，确保检测过程中使用的样品数量与提供的一致。④样品状态。描述样品的外观、颜色、气味等状态信息，以便于了解样品的整体状况。⑤取样时间和地点。详细记录取样的时间和地点，以便于追溯样品的来源和取样环境。⑥样品来源。说明样品的来源，如生产商、供应商、采购地点等。

这些信息对于确保检测报告的准确性和可靠性至关重要，在撰写检测报告时应认真核对并准确描述样品信息。同时，为了保护商业机密和个人隐私，对于一些敏感信息如生产商名称和地址等，应根据实际情况进行适当处理。

五、检测项目和方法

检测项目和方法通常根据不同的检测目的和标准而有所不同。以下是一些常见的检测项目和方法的示例：①外观检测。通过观察样品的外观、颜色、形状等，判断其是否符合规定的要求。②尺寸检测。测量样品的尺寸，检查其是否符合规定的尺寸要求。③质量检测。通过称量样品的重量或使用天平等测量设备，检查其是否符合规定的质量要求。④成分分析。对样品进行化学分析，测定其中各种成分的含量。⑤力学性能检测。测试样品的力学性能，如拉伸强度、压缩强度、弯曲强度等。⑥耐久性检测。测试样品在不同环境下的耐久性，如耐磨性、耐腐蚀性等。⑦功能性检测。测试样品的功能性，如导电性、绝缘性、透光性等。

在选择检测项目和方法时，应根据检测目的和标准，结合样品的特性和要求进行选择。同时，为了确保检测结果的准确性和可靠性，应遵循相关的检测规范和标准，选择合适的检测设备和试剂，并严格按照操作规程进行检测。

六、实验数据

检测报告的实验数据是指在实际检测过程中得到的原始数据，包括但不限于样品的外观、尺寸、质量、成分、力学性能、耐久性和功能性等方面的数据。这些数据是检测报告中的核心内容之一，也是评估样品质量和安全性的重要依据。

在撰写检测报告时，应该根据实际检测情况整理和分析实验数据，并将其记录在报告中。同时，为了确保数据的准确性和完整性，应该遵循相关的检测标准和规范，选择合适的检测设备和试剂，并严格按照操作规程进行检测。此外，对于一些重要的实验数据，还应该进行必要的统计和分析，以便于得出更准确的结论和建议。

七、数据分析

检测报告的数据分析是指对实验数据进行分析和解释，以得出有关样品质量和安全性的结论和建议。数据分析应该基于实验数据的准确性和完整性，同时结合相关的科学理论和专业知识，对实验结果进行深入的分析和解释。

在检测报告中，数据分析应该包括以下内容：①平均值和标准差。计算实验数据的平均值和标准差，以评估样品的整体质量和安全性水平。②对比分析。将不同样品的数据进行对比分析，以评估它们的质量和安全性差异。③相关性分析。分析实验数据之间的相关性，以评估不同因素对样品质量和安全性的影响。④因果关系分析。分析实验数据之间的因果关系，以评估样品中存在的问题及其原因。⑤风险评估。根据实验数据和专业知识，对样品的风险进行评估，并提出相应的建议和措施。

八、结论

检测报告的结论是依据实验数据和分析结果得出的有关样品质量和安全性的最终结论。结论应该基于数据的准确性和完整性，同时结合相关的科学理论和专业知识，对样品的整体质量和安全性进行评价和判断。

在检测报告中，结论应该包括以下内容：①样品质量和安全性的评价。根据实验数据和分析结果，对样品的质量和安全性进行全面评价，包括是否符合相关标准和规定、是否存在质量问题或安全隐患等。②风险评估和建议。根据实验数据和专业知识，对样品的风险进行评估，并提出相应的建议和措施，如改进生产工艺、加强质量控制、增加检测频次等。③其他相关信息。如样品的主要成分、功能特性、适用范围等，以便于读者了解和使用。

九、建议和改进

检测报告的建议和改进部分是检测报告的重要内容之一，主要根据报告中分析的问题和结论，提出相应的改进措施和建议，以提高样品的质量和安全性。

在撰写检测报告时，应该根据实验数据的实际情况和分析结果，提出具体、可行的建议和改进措施。同时，应该注意以下几点：①建议和改进应该具有针对性和可操作性，以便于实施和验证；②建议和改进应该与结论相一致，并能够解决检测中发现的问题；③建议和改进应该考虑成本和效益的平衡，以确保改进措施的经济性和可行性。

十、参考文献

列出在报告中引用的所有文献，以确保报告的完整性和可追溯性。①附录：主要包含一些重要的原始数据、图表、照片等，供读者进一步参考。②审查和批准。在报告正式发布之前，应由专人进行审查，确保报告的内容准确、完整、符合规范。同时，经过授权人批准后方可发布。

综上所述，农产品检测报告的编制需要遵循一定的规范和标准，确保报告的内容准确、完整、客观和公正。一份高质量的农产品检测报告能够为农产品质量安全监管提供有力的支持和保障。

第五章　农产品质量安全检测

第一节　农产品质量安全检测的要素

农产品质量安全检测是通过科学仪器和分析方法，对农产品进行全面的质量检测和评估，以保障农产品质量安全和消费者健康。

一、外观检测

外观检测是农产品质量检测的重要环节，包括农产品的形状、大小、颜色、光洁度等。这些因素直接影响到农产品的感官品质，如视觉、触觉等，是消费者选择农产品的重要依据。例如，对于水果来说，外观是否有光泽、颜色是否均匀等都会影响其口感和品质。

农产品外观检测是农产品质量检测中的重要环节，主要涉及对农产品外观特征进行观察和检测，以判断其质量是否符合标准。具体检测方法如下。

（一）观察法

通过肉眼观察农产品的形状、大小、颜色、光洁度等外观特征，判断其是否符合标准。例如，对于水果来说，可以观察其形状是否匀称、颜色是否鲜艳、表面是否有病斑或损伤等。

（二）尺寸检测

使用卡尺或测量器等工具对农产品的尺寸进行检测，如长度、直径、厚度等。通过尺寸检测可以判断农产品的大小是否符合标准，是否存在过大或过小的情况。

（三）颜色检测

使用颜色检测仪器对农产品的颜色进行检测和分析，以确定其颜色是否符合标准。颜色检测仪器可以根据颜色的三要素（色相、饱和度和亮度）进行分析和比较，判断农产品的颜色是否鲜艳、均匀。

（四）表面缺陷检测

通过观察或使用检测设备对农产品的表面进行缺陷检测，如病斑、损伤、疤痕等。表面缺陷检测可以判断农产品的外观是否存在质量问题，如病斑和损伤会影响农产品的保存和品质。

除了以上方法，还可以使用图像处理技术对农产品的外观进行检测和分析。例如，可以使用计算机视觉技术对农产品的图像进行处理和分析，提取出农产品的外观特征和质量信息，实现自动化检测和分级。这种方法具有检测速度快、精度高等优点，在现代化的农产品生产和加工中得到广泛应用。

农产品外观检测是农产品质量检测中的重要环节，需要从多个角度进行全面检测和分析，以确保农产品的质量和安全符合标准。

二、质地检测

质地检测包括对农产品的硬度、口感、水分含量等指标的检测。这些因素会影响农产品的食用品质和加工性能。例如，对于肉类来说，其纹理和脂肪含量都会影响口感和烹饪方式。

农产品质地检测是评估农产品品质和安全性的重要环节，主要涉及对农产品的硬度、口感、水分含量等指标的检测。具体检测方法包括以下内容。

（一）硬度检测

通过使用硬度计等设备对农产品的硬度进行检测。硬度是指农产品抵抗变形的能力，对于某些农产品如水果、蔬菜等来说，硬度是衡量其成熟度和新鲜度的重要指标。硬度计可以测量农产品的硬度值，并与标准值进行比较，以判断农产品的硬度是否符合要求。

（二）口感检测

口感是农产品质地的重要方面，包括了农产品的脆度、纤维度、多汁性等。口感检测可以通过人工品尝或使用专业设备进行评估。例如，可以使用口感分析仪对农产品的口感进行客观评估，该仪器可以通过模拟人类口腔的咀嚼运动来测量农产品的口感特性。

（三）水分含量检测

水分含量是影响农产品质地的重要因素之一。过高的水分含量可能导致农产品变质，而过低的水分含量则可能影响其口感和营养价值。水分含量检测可以使用干燥法、电导法、近红外光谱法等方法进行。其中，干燥法是最常用的方法之一，通过测量农产品干燥前后的重量差来计算其水分含量。

（四）质构检测

质构是指农产品的组织结构和物理特性，包括弹性、黏度、凝聚力等。质构检测可以使用质构仪进行，该仪器可以通过模拟人类手指或口腔的运动来测量农产品的质构特性，从而判断其质地是否符合要求。[①]

除了以上方法，还可以使用无损检测技术对农产品的质地进行检测。例如，可以使用超声波、X射线等技术对农产品进行无损检测，以获取其内部结构和质地信息。

农产品质地检测需要从多个角度进行全面评估和分析，以确保农产品的质量和安全符合标准。同时，还需要不断研究和开发新的检测技术和方法，以适应农产品生产和加工的不断发展和变化。

三、营养检测

营养检测主要涉及农产品中的营养成分，如蛋白质、脂肪、碳水化合物、维生素等。这些营养成分会影响农产品的营养价值和人体健康。例如，水果和蔬菜

① 宋建朝.我国“三品一标”高质量发展推进方略[J].农产品质量与安全，2018（3）：3–7.

中的维生素和矿物质含量较高，对人体健康有很好的促进作用。

农产品营养检测是评估农产品营养价值和品质的重要环节，主要涉及对农产品的蛋白质、脂肪、碳水化合物、维生素等营养成分的检测。具体检测方法包括以下几种。

（一）化学分析法

化学分析法是农产品营养检测常用的方法之一，包括对农产品中的蛋白质、脂肪、碳水化合物、纤维素等成分进行定性和定量分析。该方法需要使用化学试剂和实验设备，操作相对复杂，但精度较高。

（二）近红外光谱法

近红外光谱法是一种快速、无损的检测方法，可以用于农产品中的水分、蛋白质、脂肪、纤维等营养成分的检测。该方法通过测量农产品在近红外波段的吸收光谱，结合化学计量学方法，可以快速、准确地测定农产品的营养成分。

（三）核磁共振法

核磁共振法是一种非破坏性的检测方法，可以用于农产品中的水分、脂肪、蛋白质等营养成分的检测。该方法通过测量农产品在磁场中的核磁共振信号，结合计算机成像技术，可以快速、准确地测定农产品的营养成分分布和含量。

（四）荧光光谱法

荧光光谱法是一种基于荧光光谱技术的检测方法，可以用于农产品中的维生素、类胡萝卜素等营养成分的检测。该方法通过激发农产品中的荧光物质，测量荧光光谱并进行分析，可以快速、准确地测定农产品的营养成分。

除了以上方法，还有色谱法、质谱法、光谱法等检测方法可以用于农产品营养检测。这些方法各有优缺点，需要根据具体的检测需求和条件进行选择和使用。同时，随着科学技术的发展，不断有新的检测技术和方法被研究和开发出来，为农产品营养检测提供了更多的选择和手段。

四、安全性检测

农产品安全性检测是评估农产品安全性和质量的重要环节，主要涉及对农产品中农药残留物、重金属含量、微生物污染等有害物质的检测。具体检测方法包括以下四种。

（一）气相色谱法

气相色谱法是一种常用的农产品安全性检测方法，可以用于检测农产品中的挥发性有机物和部分半挥发性有机物。该方法具有分离效果好、分析速度快、灵敏度高等优点，可以用于农药残留、重金属等有害物质的检测。

（二）高效液相色谱法

高效液相色谱法是一种高效的分离和分析方法，可以用于检测农产品中的极性化合物、大分子化合物等。这是农产品质量安全检测常用方法，常常用于农药残留、重金属等的检测。

（三）质谱法

质谱法是一种常用的农产品安全性检测方法，可以用于检测农产品中的有机化合物和重金属元素。该方法具有高灵敏度、高分辨率和高准确性等优点，可以用于确定有机化合物的分子量和结构，以及测定重金属元素的含量。

（四）免疫分析法

免疫分析法是一种基于抗体抗原相互作用的检测方法，可以用于检测农产品中的农药残留、重金属等有害物质。该方法具有高灵敏度、高特异性和快速性等优点，可以用于大量样品的筛查和快速检测。

第二节　农产品质量安全检测的作用

农产品质量安全检测在保障农产品质量、促进农产品贸易、提高农产品竞争力等方面具有重要作用。

一、保障农产品质量

农产品质量安全检测是保障农产品质量的重要手段。通过对农产品进行质量安全检测，可以及时发现并防止农产品中存在的有害物质、重金属、农药残留等物质对人体的危害，以确保农产品的质量安全。

二、促进农产品贸易

农产品质量安全检测对于促进农产品贸易具有重要意义。在国际贸易中，农产品质量安全是各国贸易伙伴的重要关注点。通过对农产品进行严格的质量安全检测，可以提高农产品在国际市场的竞争力，促进农产品的出口。同时，这也有助于国内企业了解国际市场对农产品质量安全的要求，优化生产流程，提高产品质量，满足国际市场需求。

三、提高农产品竞争力

农产品质量安全检测还有助于提高农产品的竞争力。通过对农产品进行质量安全检测，可以提供详细的产品检测报告和认证，为农产品增加质量保证和行业信誉，提高消费者对农产品的信任度。同时，这也有助于及时发现和解决农产品生产、储存、运输等环节中存在的问题，提高农产品的产量和产值，增强农产品的市场竞争力。

四、提升生产者的商业意识

农产品质量安全检测有助于增强农业生产者的商业意识。通过对农产品进行质量安全检测，可以让农业生产者更加了解市场对农产品质量的要求，从而在生产过程中更加注重质量安全。[①]同时，这也让农业生产者更加了解自己的产品，从而更有信心地将产品推向市场。

五、促进农业产业升级

农产品质量安全检测可以促进农业产业升级。随着消费者对农产品质量安全的要求不断提高，传统的农业生产方式已经难以满足市场需求。通过农产品质量安全检测，可以引导农业生产者采用更加科学、环保、可持续的生产方式，促进农业产业升级，提高农业附加值。

六、保护消费者的权益

农产品质量安全检测可以保护消费者的权益。消费者是农产品的最终使用者，他们有权了解农产品的质量和安全状况。通过农产品质量安全检测，消费者可以更加清楚地了解农产品的成分、添加剂、农药残留等信息，从而更加自主地选择符合自己需求的农产品。这有助于保障消费者的权益，提高消费者的满意度。

七、为政府提供决策依据

农产品质量安全检测还可以为政府提供决策依据。通过对农产品进行质量安全检测，政府可以及时了解农产品的质量状况和市场动态，从而制定更加科学、合理的农业政策。例如，政府可以根据市场需求和消费者偏好，制定更加符合实际的农业产业结构调整政策，提高农业效益和竞争力。

八、提高国家的国际形象

农产品质量安全检测还有助于提高我国农产品的国际形象。随着全球化的不断发展，各国之间的贸易往来越来越频繁。通过农产品质量安全检测，可以向国际社会展示我国农产品的质量和安全水平，树立我国农产品的良好形象，提高我国农产品的国际竞争力。

总之，农产品质量安全检测在保障农产品质量、促进农产品贸易、提高农产

① 刘新录.无公害农产品管理与技术[M].北京：中国农业出版社，2014：57.

品竞争力等方面具有重要作用，有助于推动农业可持续发展和社会的和谐稳定，同时也对农业生产者、政府决策、国际形象等方面产生积极的影响。因此，应该加强农产品质量安全检测工作，提高检测水平，确保农产品的质量和安全。

第三节　农产品质量安全检测的需求

农产品质量安全关乎千家万户，需要相关部门不断强化农产品检测服务，扎实开展农产品农药残留检测，以实际行动保障老百姓“舌尖上的安全”。在此之前，不仅要清晰认识到农产品质量安全检测的重要性，更要清晰了解农产品质量安全检测的需求。

一、食品安全的需求

食品安全直接关系到广大人民群众的身体健康和生命安全。农产品作为食品的主要原料，其质量安全问题尤为重要。农产品质量安全检测能够确保农产品中不存在超标的有毒有害物质，防止因农产品污染而导致的食品安全事故。例如，通过农药残留检测，可以确保农产品中的农药残留量符合国家标准，从而保障消费者的健康。

二、市场竞争力的需求

在市场竞争日益激烈的今天，农产品的质量成为决定其市场竞争力的关键因素。通过质量安全检测，农产品可以获得相应的质量认证和标识，如“绿色食品”“有机食品”等。这些认证和标识可以证明农产品的品质和安全性，提高消费者对该产品的信任度，从而增强农产品的市场竞争力。

三、生产方式改进的需求

农产品质量安全检测不仅可以评估产品的质量，还可以反映出生产过程中的问题。例如，如果某种农产品在检测中频繁出现质量问题，那么生产者就需要审视生产过程，查找问题所在，进而改进生产方式和方法。这样，质量安全检测就起到了引导生产者提高生产效率和产品质量的作用。

四、产品可追溯性的需求

在农产品供应链中，质量安全检测是实现产品可追溯性的重要环节。通过检测记录，可以追溯到农产品的生产者、生产日期、批次等信息。一旦发生质量安全问题，可以迅速定位问题源头，采取有针对性的措施，避免问题进一步扩大。同时，产品的可追溯性也能增加消费者的信心，因为他们可以知道自己购买的农产品的来龙去脉。

五、国际贸易的需求

在全球化的背景下，农产品国际贸易日益频繁。不同的国家和地区对农产品的质量安全要求各不相同，而质量安全检测则是农产品跨越这些门槛的关键。只有符合进口国质量安全标准的农产品，才能顺利进入该国市场。因此，农产品质量安全检测对于促进农产品出口、拓展国际市场具有重要意义。

六、农业可持续发展的需求

农产品质量安全检测不仅关系到消费者的健康和安全，也直接关系到农业的可持续发展。通过检测，我们可以了解土壤、水源、大气等环境因素对农产品质量的影响，为农业生产提供科学依据。[①]同时，通过监测农产品的质量，可以指导农业生产者合理使用化肥、农药等农业投入品，以此降低对环境的不良影响，实现农业的可持续发展。

七、农业科技创新的需求

农产品质量安全检测与农业科技创新密切相关。新品种的选育、新技术的开发、新农药的使用等都需要通过质量安全检测来评估其可行性和效果。同时，通过引进先进的检测技术和管理模式，可以推动农业科技创新的进程，提高农产品的科技含量和竞争力。

① 张华荣.绿色食品工作指南[M].北京：中国农业出版社，2021：23-27.

八、农业政策制定的需求

农产品质量安全检测数据可以为政府制定农业政策提供参考。例如，通过对多个地区、多种农产品的检测数据进行分析，政府可以了解农产品质量安全的整体状况，制定相应的政策来提高农产品质量、加强食品安全监管等。同时，检测数据也可以用于评估政策实施的效果，为政策调整提供依据。

九、消费者教育的需求

农产品质量安全检测的结果不仅对生产者和消费者有指导意义，同时也对消费者教育具有重要作用。通过向消费者普及农产品质量安全知识，可以提高他们的鉴别能力和购买决策的科学性。同时，通过展示优质农产品的检测结果，可以引导消费者形成对优质农产品的消费习惯，促进农产品市场的健康发展。

综上所述，农产品质量安全检测在保障食品安全、促进农业发展、推动科技创新、支持政策制定以及教育消费者等方面都具有重要的需求。为了满足这些需求，我们需要加强农产品质量安全检测的能力建设、完善检测体系、提高检测技术水平并加强国际合作，共同推动农产品质量安全检测事业的发展。

第四节　农产品质量安全体系的构建

农产品质量安全体系的建设是一项系统工程，需要全国人民的团结协作和艰辛努力才能完成。健全和完善农产品质量安全体系，应以建立健全统一权威的农业标准体系为基础，以构筑标准化生产体系为突破口，以完善农产品质量安全管理体系为保障，采取积极有效的措施，解决各体系建设中存在的问题，并以系统理论为指导，在突出各体系建设重心的同时，注意协调好各体系之间的关系。

在农业标准体系建设方面，主要考虑标准的先进实用、系统配套和贸易发展需要。一是要在合理规划的基础上，加大标准清理和修订力度，解决标准陈旧、技术指标落后、配套性和可操作性差、针对性不强、重点不突出等问题。二是要参照国际通行做法，将现行强制性标准转化为技术法规。三是要积极参与国际标准化活动，对标准实施动态管理。

在体系构筑方面，主要考虑构筑具有较强竞争力的农业产业体系的需要。一是要积极推进优势农产品区域布局，解决我国农业生产力布局不合理、结构雷同的问题，把各地的资源和区位优势发挥出来。二是要进一步加强农业标准化示范区建设，推进优势农产品区域化种植（养殖）和标准化生产。三是要大力开展农业产业化经营，发挥龙头企业和农村合作经济组织在标准化生产方面的带动作用，解决“小农户”与标准化生产的矛盾。四是要严格规范农业投入品的生产、经营和使用行为，开展清洁生产技术研究，解决常规实用技术的使用与农产品质量安全的矛盾。五是要加大环境监管力度，为实施标准化生产、提高农产品质量安全水平创造条件。

在完善农产品质量安全管理体系方面，主要考虑农产品质量安全管理、农业贸易发展的需要。一是要健全和完善技术法规体系，以《中华人民共和国农产品质量安全法》为核心，制定和修改相关的法律法规，建立风险评估制度、农业投入品登记许可和淘汰制度、例行监测制度、市场准入制度等基本制度，为农产品质量认证、检验检测和监管工作提供法律制度保障。二是要在整合现有农产品质检资源的基础上，充分利用FTO规则中的“绿箱”政策，加大资金投入，加强检验检测技术研究，提高质检人员素质，并根据合理布局、优化结构、重点投入、满足工作需要的原则，尽快形成层次清晰、布局合理、职能明确、反应快捷的农产品质量检验检测服务体系，为农产品质量安全管理工作和农业贸易活动提供技术支撑。[①]三是要建立以产品认证为重点，产品认证（以无公害农产品、绿色食品和有机食品为主要类别）与体系认证（以GMP、GAP和HACCP为基本类型）相结合的认证体系，遵循客观性、独立性、权威性、标准化和公开性原则，实行统一的国家认可制度，尽快培育一批运作规范、社会信誉高、符合国际通行规则要求的农产品认证机构，并努力寻求质量认证的国际合作和国际相互认可，促进农业贸易的开展。四是要建立农产品质量安全预警系统、农产品质量追溯系统等长效、稳定的农产品质量安全管理系统，提高预防和控制能力。五是要加强对检验检测和认证机构的管理，以规范行为，确保检验检测和认证工作能够客观、公正地进行。

---

① 常天乐.拥抱有机3.0时代[J].质量探索，2014（11）：6-7.

一、提高农产品安全科技水平

我国经济和社会发展水平以及现有科技水平基础，应优先发展的关键技术和重点有主要以下几个方面。

（一）发展食源性危害危险性评估技术

建立适合我国国情的评估模型和方法，应参考WHO/FAO关于危险性评估的基本原则，以与食源性疾病相关的高危因素作为分析重点，重点进行人群暴露和健康效应评估，重视针对易感人群的危险性评估，适时更新危险性评估，为制定限量标准提供科学依据。

在化学污染物危险性评估方面，应将有意和无意加入农产品中的化学物以及天然存在的毒素都纳入评估范围。在摸清农产品中农药残留、兽药残留、重金属、环境污染物（如多氯联苯）以及农产品加工过程形成的有害物质（如氯丙醇、丙烯酯胺、亚硝胺、多环芳烃等）等危害因素污染水平的基础上，重点研究暴露水平及相应的生物标志物的变化，并找出其致病性因素。我国广泛使用的农药、兽药、食品添加剂以及其他危害性大的化学污染物是重点评估对象。

确保危险性评估结果的正确性，要制定危险性评估标准程序，加强流行病学研究，通过临床和流行病学研究获得数据并充分利用这些资料，为开展危险性评估服务，以加强动物毒理学研究，确定化学性危害对人体健康产生的不良影响。充分利用生物标志物进行危险性评估，阐明我国主要化学污染物的作用机制、给药剂量、药物作用剂量关系、药物代谢动力学和药效学。

在生物因素危险性评估方面，重点应针对具有公共卫生意义的致病性细菌、真菌、病毒、寄生虫、原生动物及其产生的有毒物质进行科学评估。其中影响我国农产品安全的最主要因素是微生物污染，其中致病性细菌对农产品安全造成的生物性危害是最显著的，应该作为重点分析对象，确定其对不同人群和个体的致病剂量。在具体种类上，常见的生物性危害如单增李斯特菌、沙门氏菌、空肠弯曲菌、副溶血性弧菌、出血性大肠杆菌、疯牛病、高致病性禽流感等是重点分析对象。在进行定性分析的基础上，逐步对生物性危害产生的不良影响进行半定量、定量评估，要重点进行人群暴露与健康效应的定量评估以及涉及农产品安全突发性事件的危险性评估。

（二）发展农产品安全检测技术

依据我国国情，应重点发展快速检测技术，同时有选择性地研究与研制部分高、精、尖检测方法，开发部分先进的仪器设备。加快研制检测所需要的消耗品。重点开发农产品安全监控中急需的有关安全限量标准中对应的农药、兽药、重要有机污染物、食品添加剂、饲料添加剂与违禁化学品、生物毒素、重要人畜共患疾病病原体和植物病原的检测技术和相关设备，并拥有部分自主知识产权。建立一批在技术上与国际接轨、经过科学认证的重点研究和检测机构，为农产品安全的检测技术与重点方法提供科技支撑。

1.建立农产品安全检测实验室质量控制规范

逐步协调我国现有计量认证、ISO/IEC17025认证以及国家注册实验室认证等实验室质量认证体系农产品安全检测的质量控制规范，规范实验室的管理和测试过程，提高实验室的管理水平和技术能力，并使实验室资源合理配置，积极参与国际竞争，以打破国外技术壁垒。

2.大力发展残留检测技术

残留检测技术是目前我国农产品安全管理水平提高的瓶颈，重点发展五项技术。一是农药、兽药残留检测技术。目前还没有农兽药最高残留限量（MRL）的，要根据情况来尽快完善。已经有农兽药最高残留限量（MRL）的，要发展农产品中多种农兽药残留的检测技术和方法。对于进出口农产品，要根据提高竞争力的需要制定农兽药最高残留限量（MRL）并发展检测技术和方法，尤其是快速检测技术和设备的研制。二是要解决多氯联苯、氯丙醇和其他持久性污染物的检测技术问题，重要有机污染物的痕量与超痕量检测技术。三是食品添加剂与违禁化学品检验技术。要大力发展各种农产品中食品添加剂的检测方法，其中包括快速检测和确证检测的方法。四是发展功能农产品中的有效成分测定方法。五是发展农产品中违禁物测定方法，研制相关设备和试剂（盒）检测技术。同时还需要解决三项关键技术。第一，发展残留快速检测技术，免疫分析尤其是酶联免疫吸附测定法（ELISA）适用于现场监控和大量样品筛查，应予以大力发展。还要发展利用胶体金颗粒作为标记物的试纸条检测技术、偏振荧光免疫分析技术、免疫传感器等。第二，发展样品的分离、纯化技术。免疫亲和色谱技术、分子印迹技术、基质固相分散技术等是残留分析中非常有效的分离纯化方法。第三，发展多残留定量确证技术。免疫亲和色谱—色谱—质谱检测技术药物残留研究中采用的色谱—质谱联用技术可以集高效分离和结构鉴定于一体，是生物样品复杂混合物中痕量组分定性和定量分析的最有效手段之一，应大力发展。

3.积极研发农产品中重要病原体检测技术

农产品中存在的对人民健康造成威胁比较大的病原体（如疯牛病、禽流感病、口蹄疫和水泡性口炎等）种类繁多，千变万化。对重要病原体检测技术、人畜共患疾病的检测技术，要予以高度关注。加快建立食源性致病菌分子分型电子网络的步伐，迅速提高对食源性致病菌的检测能力。

（三）发展农产品安全过程控制技术

农产品安全全程控制技术，是以“从农田到餐桌”基本原则制定，包括农产品生产、加工、储运、包装等各环节的安全技术，建立对农产品安全进行全过程控制的技术体系，是保障食品安全的重要技术。

在主要污染物残留控制技术方面，应做好以下工作。

一是加快发展农药残留控制技术。组织科技力量，对农产品中农药残留和环境中农药污染消除进行攻关，研究农药分子在植株内的吸收、传导、代谢规律，以及在环境中的吸附、淋溶、迁移、降解规律。继续淘汰和限制高毒、高残留的农药品种。组织科技力量，研制、开发现有高毒、高残留农药的替代品，改进当前剧毒、高毒农药剂型和使用方法。推出一批安全、高效、低毒和相对便宜的化学农药和生物农药。健全农药科学使用标准。选择涉及残留问题重点农药，优先开展农药科学合理使用国家标准制修订工作，使主要农产品生产中使用农药有标准可依。加强病虫害综合防治技术的培训工作，大力推广综合防治技术，进一步提高技术到位率，逐步减少对传统农药的依赖。加强对基层植保技术人员和广大农民的安全合理用药技术指导和宣传培训，提高农民对安全合理用药的意识和科学用药水平。加大对新型高效施药机械推广力度，提高农药的利用率。通过试验示范，大力推广高效低毒的新农药、新剂型和新的用药技术，降低单位面积上的农药使用量。

二是加快发展兽药残留控制技术。开展有关兽药残留问题的基础科学研究工作，主要包括动物体内药物代谢动力学研究、兽药安全性的毒理学评价、兽药在动物体内残留消除规律的研究、最大残留限量的研究。加速高效疫苗、新型兽药研究与产业化开发，争取在较短的时期内开发出一批具有我国自主知识产权的兽药品种。制定和颁布我国兽药检测方法标准、兽药残留限量和兽药休药期标准。制定符合我国国情的更具有科学性和可操作性的兽药使用规范，明确规定允许使用兽药的畜禽种类、用药时期、药物种类和剂量，明确规定禁止使用的兽药和其他化合物的种类。加大宣传力度，向动物防治工作者和养殖者宣传介绍科学合理使用兽药的知识，以此提高对兽药残留危害性的认识。

三是发展饲料安全质量控制技术。开发和推广安全、无污染、高效饲料品种以及安全高效、质优价廉的天然药物饲料添加剂替代品。发展饲料安全配制技术。不断改进饲料的加工工艺和设备，降低饲料中有毒成分残留。根据卫生标准限量，采取喂停结合、间歇饲喂的方式，饲用含有毒有害成分的饲料。对直接接触饲料的容器、器械、导管及工艺中加入的添加剂中的有毒元素进行限制。

四是发展农产品生产、加工、储藏、包装与运输过程中安全性控制技术。

在农业生产环节，尽可能依靠有机肥、作物轮作、种植豆科作物并合理使用化肥等来培肥地力，大力推广清洁生产技术，利用生物技术和物理方法控制作物病虫害。严禁使用高毒、高残留农药，推广应用高效低毒低残留农药和生物农药，并严格遵守农药使用安全间隔期的规定。大力发展养殖业病害检测和防治技术、健康养殖技术与设备设施的研究开发。实行生产记录卡制度，禁止使用镇静、安眠类饲料添加剂和平喘、激素类药物，对允许使用的兽药和渔药要严格遵守用药时间、用药量、用药方法和休药期规定。

在加工环节，大力加强农产品（食品）加工技术与设备的研究开发。制定科学合理的生产工艺规范，保证生产环境和人员的卫生，保证原料清洗水的卫生质量，科学合理地使用防腐剂、色素、面团改良剂等食品添加剂，延长产品的保存期和改善感官品质。

在储运环节，研究农产品储藏过程中有害物质形成规律和采后杀菌剂、杀虫剂的变迁规律，研制安全、经济、高效的农产品储藏技术措施，开发低温冷藏设备。发展食品辐照技术，确定不同类食品最低辐照有效剂量以及相关辐照剂量参数。发展农产品综合保鲜技术，研究新型清洗剂配方、保鲜剂、保鲜纸，延长农产品保藏期，并大力发展农产品专储、专运技术。

研究农产品包装材料和农产品容器进行迁移规律和储藏运输条件的影响，评价包装材料的卫生学危险性、单体物质的安全性。积极推广农产品包装过程中的安全控制技术。进行新型、无毒、经济、受力强度适当、严密性好的包装材料的筛选、推广、应用，发展新鲜类产品可食用膜、气包装技术。

二、完善农产品质量安全标准体系

完善农产品质量安全标准体系就是以风险评估为基础，按照“农田到餐桌”全过程监管的需要，在加强统一管理并充分发挥各相关部门作用的基础上，建立起一套既符合中国国情又与国际接轨的农产品安全标准体系。在各标准起草部门统一协调的基础上，相关标准之间必须配套形成体系，推进农产品安全标准的制定、修订工作，尽快形成包括农产品安全限量标准、农产品检验检疫与检测方法标准、农产品安全通用基础标准与综合管理标准、重要的农产品安全控制标准、农产品市场流通安全标准的农产品安全标准体系，真正做到农产品产前、产中、产后全过程都有标准作为技术依据。通过积极采用国际标准和国外先进标准，加大与国际标准接轨的力度，加快标准的制定、修订步伐，迅速提高标准的整体水平，进而达到提高农产品质量的目的。

（一）提高标准制定过程的科学性

标准的制定要以危险性分析为基础。我国虽然近几年在标准的数量上有了明显的增加，但没有真正做到以科学为基础。针对我国农产品安全标准不适应健康保护和WTO要求的现状，以科学为基础开展设限研究，为制定农产品中重点有害物质安全限量标准提供基础数据。发布的标准须经过多个实验室的全程验证后才能公布并付诸实施。

（二）完善标准体系的建立

根据相关标准之间必须配套形成体系的原则，在各标准起草部门统一协调的基础上，加强农产品安全标准的制定、修订工作，并逐步完善标准体系的内容。对过时的农产品安全国家标准、行业标准应当立即组织修订，对缺少的应加紧制定，逐步形成重点突出，强制性标准与推荐性标准定位准确，国家标准、行业标准相互协调，基础标准、产品标准、方法标准和管理标准配套，与国际食品标准体系基本吻合，能适应社会主义市场经济体制，满足进出口贸易需要的食品工业标准新体系。

农产品安全国家标准和行业标准要按照建立主要农产品质量标准体系的总要求，重点加强与安全卫生有关标准的制定，动植物病虫害防治与检疫，生态环境标准，投入品及其合理使用标准，农产品包装、储运、标识标准，真正做到产前、产中、产后全过程都有标准作为技术依据。近期应着重通过加强农药、兽药、生物激素、有害重金属元素、有害微生物等限量和检验方法标准的研究与制修定工作，尽快形成农产品安全标准体系。

1.针对重要农产品安全的限量标准

降低农产品中有害物质的含量是提高农产品安全性的重要环节之一。农药残留限量标准、兽药残留限量标准、添加剂限量标准、污染物限量标准、有害微生物与生物激素限量标准等重要的农产品安全限量标准的制定，应进行危险性和暴露性评估，以科学的数据为基础。WTO和国际食品法典委员会（CAC）强调，危险性评估是用于制定农产品安全技术措施（法律、法规和标准及进出口食品的监督管理措施）的必要技术手段，也是评估农产品安全技术措施有效性的重要手段。我国现有的农产品安全技术措施与国际水平差距较大的原因之一，就在于尚未广泛地应用危险性评估技术，特别是对化学性和生物性危害的暴露评估和定量危险性评估。因此，我国应加强这方面标准的基础研究工作。

2.制定农产品检验检疫与检测方法标准

农产品检验检疫与检测方法标准是农产品安全监测和管理监督的重要手段。目前，我国对于一些公认的重要食源性危害，在检测方法标准方面，尚存空白或不够完善，不能满足农产品安全控制的需要。

3.通用基础标准与综合管理标准

国际标准化组织（ISO）食品技术委员会近年来的工作重点由具体的农产品安全检测检验方法标准向综合性、管理性的标准转移，我国应积极跟踪ISO的动态，加快制定我国的农产品安全管理体系标准，为尽早取得国际农产品贸易的又一张“通行证”做好准备，进而推动我国农产品产业国际化。

4.重要的农产品安全控制标准

建立从源头治理到最终消费的监控体系是农产品安全的重要保障，因此按照农产品“从农田到餐桌”的全过程管理的原则，在种植产品生产中应用“良好农业规范（GAP）”、养殖产品生产中应用“良好兽医规范（GVP）”、食品加工生产中应用“良好生产规范（GMP）”“良好卫生规范（GHP）”“危害分析与关键控制点（HACCP）”等先进的农产品安全控制技术。而在实施GAP和GVP方面，我国的数据尚不充分，急需开展基础研究。针对农产品生产过程的不同阶段及其特征，应尽快研究制定种植产品安全控制标准、养殖产品安全控制标准、农产品加工安全控制标准和餐饮业食品安全控制标准等方面的安全控制技术标准。

5.加强农产品市场流通安全标准

农产品市场流通安全标准是食品安全标准体系中不可或缺的重要部分，是农产品安全的重要环节，包括农产品从包装、标签标识、储藏、运输直至销售到市场流通的全过程。目前，我国的农产品市场流通安全标准的制定工作科学和系统性不强，急需专业指导。需要组织跨学科、跨领域的众多专家联合攻关，为建立和完善我国农产品安全标准体系提供技术支撑。

（三）进一步优化标准结构

要在科学的风险分析评价基础上，参照国际通行做法，逐步将农产品安全或卫生标准与农产品质量标准分离。农产品卫生标准应以GHP（良好卫生规范）为依据，而不是简单地由感官、物理、化学和微生物标准来衡量，过程应由原来的事后抽检处罚为主转变为事先的预防控制为主。要从标准制定与检验检测方法标准制定相互配合的角度解决基础标准、产品标准和方法标准之间的协调问题。从农产品产业链整体角度解决产地环境、生产、加工、流通和进出口各环节标准的衔接配套问题。要以最新科学研究成果和国际先进标准为前提，在与WTO/TBT、WTO/SPS规定相符合的基础上，解决强制性标准和推荐性标准设置不合理、重要标准短缺等问题。要在强制性标准为主、非强制性标准为辅的原则下协调两者的关系，强制性标准应侧重于安全卫生，可以专门制定农产品卫生或安全标准，而在产品质量标准中不再涉及具体内容，若必须包含卫生指标的内容，可以参照CAC产品标准的做法。在合格评定方面，取消产品标准中的合格评定内容，参照国外做法，单独制定统一的农产品合格评定程序，在强制性标准及时修订并保持先进性的前提下，解决国家标准与行业标准配套与互补性问题；在科学研究的基础上及时修订标准以解决标龄过长和标准滞后问题。

（四）加大实施标准的监督力度

在农产品的主生产加工区域创办一批示范区，加大实施标准的监督力度，充分发挥农产品质量安全标准的功能。把标准的制定与实施有机地结合起来，真正用标准组织农产品的生产，促进农产品安全水平的提高。

三、建立高效的农产品安全管理体制

（一）明确农产品安全管理机构的分工

为了保障农产品安全管理体制实现“从农田到餐桌”的有效管理，政府农产品安全管理机构应合理分工。

一是把现在分布于各部门的食品安全管理机构完全整合在一起，统一放到一个独立的食品安全管理机构，彻底解决机构重复和管理盲区问题。该方案的优点是符合国际趋势，缺点是需要一定的准备和时间，因为对现有行政体制的冲击最大，改革的难度也较大。

二是借鉴发达国家现有的食品安全管理体制模式，由主管部门牵头组织有关部门，按照食品的类别在各个部门进行分工。每个部门独立地对自己所分管农产品“从农田到餐桌”进行全过程监管，其他部门无权干涉。至于具体的类别分工，可以根据卫生、农业和质检等部门现有的监测体系和能力进行划分。该方案既可以为第一种方案奠定基础，又可以保证各个部门都有一定的监管权力，但是，该方案与目前我国的行政管理体制有一定冲突。各部门现有的食品安全监管职能是按照食品产业链条的环节来划分的，农业部门分管初级产品生产，卫生部门分管加工和流通，质检部门分管进出口。因此，改革力度较大，也存在一定难度。

三是在现有的管理体制基础上进行小的调整，依然按照农产品产业链的环节进行分工。由主管部门牵头组织卫生、农业和质检等部门研究制订分工方案。主要解决两个问题：①监管方面存在交叉和重复之处进行明确的重新分工，只能由一个部门负责，其他部门退出。②就无人管理的盲区进行明确的分工，确定哪个部门负责哪些尚无人监管的盲区。在制订分工方案时，要充分考虑各个部门已经建立的检验监测网络的实力，实力弱的退出或充实到新的负责机构。这个方案的优点是最接近现有管理体制，但必须解决好分工后各环节之间的协调和衔接问题。解决衔接问题的关键之一在于都应该服从于一个统一的农产品安全标准体系。因此，可以在主管部门下设一个由卫生、农业和质检部门共同组成的食品安全标准协调小组或委员会，经过该委员会协调后才可以提交国家标准委员会制标。或者直接下设食品安全标准或中国食品法典委员会，专门负责食品安全标准的起草工作并与国际食品法典委员会保持沟通与协调。

（二）发挥地方农产品安全管理体系的作用

应借鉴外国经验实行农产品安全机构联合监管制度，建立中央政府和地方政府既相互独立又相互协作的农产品安全监督网，在县（市）、省（区）和全国全面监督农产品的生产与流通。由于我国地域辽阔，地区间差异明显，缺乏完整的由上到下独立的垂直监管系统，只有市场监管总局的商检系统属于垂直管理，其余的均为分级管理，各级监管机构的组织和任命由本级政府决定，因此必须充分发挥地方食品安全管理体系的作用，由各级政府负责所辖区域的农产品安全监管工作，实行主管领导负责制。中央和地方在农产品安全标准上要保持很好的协调。国家标准的领先性和及时修订是确保全国各地农产品安全监管机构相互配合的重要前提。凡是存在国家标准的，地方监管机构都必须按照国家标准进行检验监测。农产品在地区间的流通，以国家标准或国际标准进行监管，各地不能变相设置阻碍或降低标准。没有国家标准的，各地可以按照地方标准进行监管。

（三）建立良好的沟通机制

农产品安全的实现是全社会共同努力的结果，因此要充分发挥各方力量。农产品质量安全体系有效运转的核心，是农产品的生产者、加工企业和流通业者通过自己的声誉来积极维护农产品安全。政府和社会的监管仅仅是外在的约束，生产、加工和流通主体的良好卫生规范与自我检验监测才是内在的决定因素。消费者的支持是农产品生产主体内在积极性的发挥因素，消费者只有珍视自己的农产品安全投票权，购买优质安全农产品而抵制无证商贩的食品、自主维护良好的市场秩序，这样那些提供安全农产品而付出额外代价的农产品生产者和企业才能够得到补偿，从而能够激励他们为社会继续提供安全农产品。各种形式的中介组织对于农产品市场的监督以及相关信息和农产品安全技术的推广也具有重要的作用。行业协会可以约束行业内的企业，权威的非官方质量认证机构也为优秀的企业提供了社会声誉保障，农业生产者组织可以对组织内部成员的生产过程和产地环境进行自主监督。目前，发达国家的农产品（食品）安全监管呈现出从以政府部门监管为主向重视发挥社会力量的作用转变的总体发展趋势，这也为我国今后的发展指明了方向。

四、建立统一的农产品安全检测体系

由于检验检测体系是农产品安全管理的核心环节，因此，要重视检验检测体系的建设。借鉴国内外成熟经验，按照统筹规划、合理布局的原则，根据我国农产品以及农产品国际贸易发展的需要，建议应力争用5~8年的时间，建立起一个协调、合理、职能明确、技术先进、功能齐全、人员齐备、高效运行的农产品安全检验检测体系。在检测范围上，能够满足对产地环境、生产投入品、生产及加工过程、流通全过程实施安全检测的需要，并重点加强对生产源头检测手段的建设；在检测能力上，能够满足国家标准、行业标准和相关国际标准对食品安全参数的检测要求；在技术水平上，国家级食品安全质检机构应符合国际良好实验室规范，以达到国际同类质检机构先进水平，部级质检机构应达到国际同类质检机构的中上水平。

（一）有效整合检验检测机构

在充分利用现有各部门及各地方已经建立的检测网络、发挥各自优势的基础上，通过条块结合的方式实现中央机构与地方机构之间、中央各部门机构之间、针对国内和进出口农产品安全检验检疫机构之间的有效配合，从而建立高效权威的农产品安全检验检测体系。

（二）提高检测机构检验能力

当前，我国检验检测机构面临新的挑战，这就需要一批高水平的质检技术机构携手联合，发挥龙头作用，努力提高我国检测机构的核心竞争力。

一是建议跟踪国际农产品检验检测技术发展，加强先进检验检测技术方法的研究。重点开发农产品安全监控中急需的有关安全限量标准中对应的农药、兽药、重要有机污染物、食品添加剂、饲料添加剂与违禁化学品、生物毒素、重要人畜共患疾病病原体和植物病原的快速检测技术和相关设备，并拥有部分自主知识产权。同时，要有选择性地研究与研制部分先进的（高、精、尖超痕量检测）检测方法、仪器设备。要加快研制检测所需要的消耗品，积极引进国际上先进的检测技术与设备。

二是建议建立检验检测信息管理网络，实现监督管理快速反应。利用信息技术，建立全国农产品安全检验检测系统，构建我国农产品安全检验检测数据资源共享平台，形成多部门有机配合和共享的检验检测网络体系，及时记录、监控我国农产品安全状况，排除农产品安全监管工作受地方和部门经济利益的影响，切实发挥检验检测体系的技术性支持功能，切实保护好消费者的合法权益。

三是建议建立一支高素质的农产品检验检测队伍。培养和造就一支高素质的农产品安全监督管理专业人员队伍，是做好食品安全监管工作的保证。要继续提高全国质检系统执法人员和专业人员技术水平，进行农产品安全监管工作的全面培训。对那些基础好、有发展潜力的专业人员，采取重点培养的办法，尽快使他们成为食品安全检验检测专家；对急需的专业人才采取公开招聘，择优录取的方法补充到检验检测队伍中来；对从事企业保证产品质量必备条件审查和食品安全检验的人员实行职业资格制度，集中培训、统一考试、持证上岗。通过培养、引进、交流等方式，形成门类齐全、结构合理的农产品安全监督管理队伍。

四是建议开展内审和管理评审，是质检机构自身改进质量管理体系和提高检验技术能力的一项有效措施。产品检验过程偶尔出现质量问题很正常，但其过程是否受控，问题能否及时得到解决，是质检机构质量管理的头等大事。

（三）加强企业食品安全的自我检验检测

一个高效的食品安全检验检测体系应该做到政府检测、中介组织检测和企业检测相结合。发达国家食品安全检验检测体系发展的一个重要趋势就是充分发挥农产品业户自主进行检验检测的积极性，如推广良好生产规范（GMP）、良好卫生规范（GHP）和危害分析与关键控制点（HACCP）体系等。

我国今后应注意加强企业自检和中介组织检测，改变现有的检验监测体系以政府机构为主的局面。以行业检测为代表的中介组织检测既可以对农产品生产企业进行监督，也可以对政府的检验检测机构进行监督并提供建议。企业食品安全的自我检测检验则对从源头上保证食品的安全具有至关重要的作用，是食品行业检验检测体系的基础力量。

农产品生产、加工和流通企业应根据法律规定和相关标准规定，对其自身的原料采购、生产、加工、储存、运输和销售等各个环节所涉及的设备、人员、环境和有害物等进行自我检测，尽最大可能减少食品安全问题。应倡导和鼓励有条件的企业建立检验检测体系。在做好全面实施这些体系的成本效益分析和可行性分析工作的前提下，逐步推行强制性要求。

（四）对农产品供应链进行全程监控

对农产品供应链进行全程监控，主要是要健全农产品污染物监测网络、食源性疾病监测网络，加强动植物检疫防疫体系建设及农业农村、环保等部门的产地环境监测站（室）的建设，完善进出口食品安全监测体系。

农产品污染物数据是制定国家农产品安全政策、法规、标准的重要依据，是控制食源性疾病危害的基础性工作之一。建立和完善农产品污染物监测网络，对化学和生物污染物进行连续主动监测，有效地收集有关污染信息，有利于开展适合我国国情的危险性评估，创建农产品污染预警系统。农产品污染物监测体系的建立有利于确保消费者避免遭受过高化学污染物或有害微生物的暴露危害，同时还可以进行田头控制，对于减少杀虫剂和兽药残留暴露水平是否有效进行检验。从分离出的病原体数据应该与爆发数据、人类疾病数据和动物疾病数据结合起来，弄清农产品不安全的来源。

健全食源性疾病监测网络应与WHO全球沙门氏菌检测网接轨，和具有世界先进水平的国家食源性致病菌及其耐药性的监测网络接轨，对食源性致病菌进行连续主动监测。建立我国食源性致病菌分子分型电子网络，强化我国对食源性疾病的快速诊断和溯源能力。

在加强动植物检疫防疫体系建设方面，要做好两个方面的工作。一是加强动物防疫检疫体系，建立符合国际规范、高效的兽医实验室体系，完善的诊断标准体系。加大疫情监测力度，以主动监测和疫情快速报告为主，目标监测、特定区域监测、突发监测、哨兵群监测和平行监测等多种方法共用。改革现有疫情报告体系，对常规的旬报和月报的内容进行详细化、标准化。要严格评估、建立无病认证体系。二是加快植物检疫监控技术支持体系建设。建设从中央到省、地、县植物病虫害监测、监控中心（站），完善各级植物防疫检疫监督机构。针对敏感作物和敏感地区，有计划、有重点地加强风险分析。加强重点地（市）、县（市）植物检疫实验室建设，装备检疫检验基本仪器和设备，提高检疫检验整体水平。认定非疫区和低度流行区，有计划、有步骤地建立健全植物有害生物监测网络体系。

加强农业农村、环保等部门的产地环境监测站（室）的建设，结合产地认证制度，建立健全产地环境监测网络。对影响农产品安全的土壤污染（包括化肥污染、农药污染、污灌等）、大气污染（主要包括氟化物、重金属飘尘、酸雨等）、水体污染（主要包括无机有毒物如各类重金属、氰化物、氟化物等，有机有毒物如苯酚、多环芳烃、多氯联苯等）和病原体（如生活污水、医院污水和畜禽污水中含有的病毒、病菌和寄生虫等）进行严密监测，为严格控制各类污染物的排放提供基础数据。

进一步完善进出口食品安全监测体系。整合农产品安全实验室资源，根据国际市场变化，不断完善由农产品安全检测中心、全国重点专业实验室和区域性重点实验室相结合的进出境农产品安全监测网络体系。在进口食品安全管理方面，要积极借鉴和学习发达国家先进的管理模式，合理利用WTO规则，加强进口食品注册制度及对进口国的检验检疫评估制度。

五、健全我国农产品安全认证体系

（一）建立协调有效的认证认可体系

建立统一、规范的认证认可体系，要以是否与国际接轨，是否符合中国国情为目标，建立国家农产品认证标准。实施农产品认证培训机构、农产品认证人员注册、备案制度。实行统一的农产品认证机构、认证咨询机构和认证培训机构的国家认可制度。在农产品生产、加工、运输、销售企业中大力推广HACCP体系和GAP、GMP、GDP、ISO等体系认证，加强全过程安全控制。

（二）加强对认证机构的全方位监督管理

国家对认证机构进行监督管理及认证机构应承担的法律责任等问题作出明确规定，制定有利于社会监督和促进有序竞争的农产品认证标志（标识）管理办法。要制定有关在目标部门强制采用各认证体系的法规，以及开发协调一致的各认证体系管理方法等。

（三）积极推进认证机构社会化改革，规范认证行为

今后，要适应社会主义市场经济体制的需要与社会事业单位改革的要求，积极推进认证机构的改革，使认证机构转变为真正独立的第三方机构。为确保客观独立、公开公正、诚实信用，认证机构不得接受任何可能对认证活动的客观公正产生影响的资助，不得从事任何可能对认证活动的客观公正产生影响的产品开发、营销等活动。认证机构不得与认证委托人存在资产、管理方面的利益关系。认证机构应当定期向国务院认证认可监督管理部门提交报告，并对报告的真实性负责。任何单位和个人对认证认可违法行为，有权向国务院认证认可监督管理部门和地方认证监督管理部门举报。

六、建立农产品安全应急反应体系

（一）进一步完善法律法规体系

农产品安全应急反应体系应建立在完善法律法规体系基础之上，借鉴国外先进经验，应当首先在宪法中明确规定紧急状态制度，其次是制定统一的紧急状态法。制定关于在紧急状态时期如何处理国家权力与国家权力、国家权力与公民权利之间以及公民权利之间关系的紧急状态法是一个国家紧急状态时期实行法治的基础。只有这样，才能保障政府在紧急状态时期依法行政，才能保障公民的合法权利不受侵犯。

从长远考虑，应该制定有关社会救助的立法，对低收入人群、医疗条件较差的地区在遭受突发性事件（不仅仅限于突发公共卫生事件）时给予生活扶助、医疗补助、急难和灾害救助，明确救助的机构、程序、责任，进而减弱突发事件给弱势群体带来的不幸。

（二）建立应急指挥系统

高效的应急指挥系统是处理突发公共卫生事件的保障。缺乏反应迅速、高效的协调机制会贻误时机，造成更大的损失。应建立专门的责任机构，机构之间、各级政府之间、政府与公众之间的高度协调，果断采取有效措施。农产品安全突发性事件需要预警监测、信息报告、医疗救护、监测检验、监督检查、卫生防护、科技攻关、物资设施保障、财力支持等方面的合作，而要实现各个方面的协

调，就必须建立完善的长效机制。

改革开放以来，由于体制变革，传统体制的优势逐步消失，而健全的替代体制又没有建立，我国紧急应急事件的处理面临比较严重的制度“缺位”，包括应急反应机制的建设相对滞后。应当根据“中央统一指挥，地方分级负责”的原则，对突发公共卫生事件实行统一指挥，统一部署，统一行动。为此，要设置处理突发公共卫生安全事件应急运作机构，并明确管理部门职责。

（三）提高预警能力，完善监测体系

突发事件应急工作，应当遵循预防为主、常备不懈的方针，贯彻统一领导、分级负责、反应及时、措施果断、依靠科学、加强合作的原则。各级人民政府卫生行政主管部门应当指定机构负责开展突发事件的日常监测，并确保监测与预警系统的正常运行。监测与预警工作应当根据突发事件的类别，制订监测计划，科学分析、综合评价监测数据。

（四）采取快速应急处理措施

在突发农产品安全紧急事件时，可以采取暂停销售或使用不安全农产品或饲料，规定只有采用了特别条件或临时措施后才能解禁，执行期并没有时间限制，这对防止突发事件影响范围的扩大，具有非常重要的意义。

第一，对突发事件进行技术调查、确证、处置、控制和评价。要分清楚突发事件产生的原因，找准源头。同时，对潜伏的危害进行密切监控，实施跟踪调查制度，在重点地区要设置警示标志。

第二，明确重点，提高效率。根据监测、诊断和评估的结果，划定重点区域、重点人群、重点动物种类、重点污染物，有针对性地采取措施，提高资源的利用效率。

第三，有效救治，加强防疫。对于受危害人群实施有效救治，对于传染性疫病，要由专门的医务人员、具有救治能力的医疗机构专门负责；对于弱势群体要给予救济；对于受威胁的人群，要实施紧急强制性的免疫接种，必要时对人员进行疏散或者隔离，依法对疫区实行封锁；对受威胁动物，实施紧急强制性的免疫接种。

第四，突发事件应急处理指挥部可以根据突发事件应急处理的需要，对食物、水源采取控制措施，卫生行政主管部门应当对突发事件现场等采取控制

措施。

第五，实施无害化处理，对于染病病死、被捕杀的禽畜、鱼类及其排泄物、被污染饲料、污水、交通工具、禽畜舍、场地等实施无害化处理。

第六，建立完备的信息体系。各级政府在处理食品安全突发事件的过程中，必须完整详细地记录事件的产生、发展和具体处理过程、处理效果、需要采取的后续措施等。

（五）建立应急保障体系

建立应急保障体系主要包括物资保障、资金保障、机构保障和人员保障。在物资保障方面，国务院有关部门和县级以上地方人民政府及其有关部门，应当保证突发事件应急处理所需的医疗救护设备、救治药品、医疗器械等物资的生产、供应；铁路、交通、民用航空行政主管部门应当保证及时运送。建立食品安全突发事件物资储备制度，储备相应足量的应急物资。储备物资应当置于交通便利、具备储运条件和安全的区域，突发事件应急处理指挥部有权紧急调集人员、储备的物资、交通工具以及相关设施、设备。在资金保障方面，处理食品安全突发事件所需经费应当纳入各级财政预算。对于企业、农户所产生的损失，根据具体情况给予合理补贴，中央财政和地方财政按照规定比例分担。在机构保障方面，国家设立专门的研究机构（如参考试验室和专业实验室），负责食品安全突发事件涉及的鉴定、诊断、救治、防疫监测等技术工作。在人员保障方面，应在省、地两级分别建立一支由专业人员组成的专业救治队伍，遇有重大突发农产品安全事件以及其他公共卫生安全事件，能够迅速组织起来。也可引入市场机制组建民间的专业救援队伍，更要注意发挥社区、群众的自救互救作用，形成专业救援和群众自救相结合的庞大救护援助体系。卫生部门应当掌握专家信息，必要时组织应急救治队伍进行支援。

七、建立统一协调的法律法规体系

建立统一协调的法律法规体系应当遵循“从农田到餐桌”、危险性分析、预防为主、明确食品安全责任、透明、可追溯性和食品召回、灵活等原则，制定和完善法律法规体系。

（一）制定农产品安全基本法

目前，我国与农产品安全、质量有关的法律、法规、规章和办法的立法需要加强，包括对现有与含农产品有关法律、法规、规章的协调、调整、修订及全面清理工作，建立重在防范、以科学为基础的农产品安全法律体系。这个完善的法律体系应该包括以基本法为龙头，其他具体法律相配合的多种层次的专门具体的法律体系。以国际食品安全法典为依据，建立农产品安全法规体系的基本框架，有利于我国的农产品对外贸易和与国际接轨。

制定统一的农产品安全基本法，借鉴日本等国的经验在基本法对食品安全管理作规定。该法应当明确以危险性评估为基础来建立农产品安全保障体系，明确各管理机构的权力和责任，明确食品安全管理机构的协调办法和协调机制、制定与政策实施相关的基本方针，明确政府、企业、消费者以及其他相关者在保障食品安全过程中的权利和职责，确保制定政策过程公正性和透明性，综合推进与农产品安全相关的政策实施，明确应对发生或可能发生重大事故的紧急事态的体制，对农产品标签制度进行规定，阐明食品安全教育的重要性等。

（二）建立同一层次具有多样性的法律法规

应该针对不同种类食品的农产品安全（如畜产品、水产品、蔬菜、粮食、食用油、转基因产品等）、农产品安全支撑体系（标准体系、认证体系、监测体系、产地环境管理等）、进出口农产品安全、确保农产品安全的重要环节管理（如市场准入、标签管理、农药和兽药残留控制）等的要求制定单一的法律法规，各种单行法规对基本法的不同方面进行更明确的规定。

水平性是指通用法规，即适用于所有农产品或农产品部门的法规，而垂直性是指各种农产品的特定法规，即适用于具体某种农产品与农产品部门的法规，有利于涉及该种农产品各方面管理的整合。水平性法规和垂直性法规的协调是一个很重要的问题。在国外经验和教训的基础上，侧重于根据不同种类农产品的特点制定专门的法律法规。这样，可以将各种具体的农产品管理标准整合到一个单一的法律中，以避免通用性法律法规容易产生不适应的情况，更加具有针对性和可操作性。

（三）充分赋予执法部门权力

对农产品生产相关企业实行强制性管制是提高农产品安全水平的基础。农产品安全比其他任何一种与健康相关的政府活动更需要连续的和强制性的管理。但是，我国目前普遍存在执法不严、违法不究或者处罚较轻等问题，对产品的追踪、检查以及召回还存在不少薄弱之处。因此，要扩大执法部门检查权，包括检查食品生产和销售记录、强制受管理企业把有关不符合法律规定的农产品信息向管理机关通报、要求有关组织提供农药与兽药使用的记录、要求农产品企业向食品管理部门登记并报送产品清单、要求农产品企业保存与农产品安全有关的食品生产和销售记录等。

（四）加大执法监督力度

向公众提供初步讨论和发表意见的机会，鼓励受管理的行业、消费者和其他人参与到规章的制定和颁布的过程之中。有关部门在执法过程中，要真正接受公众的监督。

第五节 农产品质量安全体系的优化

一、加强投资管理体系建设

资金不足将会削减所需要的研究与教育培训，并导致整个体系的不稳定。国家应每年投入必要的资金，确保相关机构和设备发挥有效作用。投入的重点应放在农产品安全监管、农产品安全技术提高、完善基础设施建设、引进先进设备以及加强人员培训与教育等方面。为了预防、发现、追踪、控制和应对与农产品安全相关的疾病以及减少未来暴发的可能性，需要庞大的人力和财力资源支持。

我国目前应抓紧完善投资管理体制，确定相关部门的预算，提高投资效率。应当把财政应急反应机制纳入财政战略管理序列，而不仅是依靠预备费，并列入公共财政的日常管理工作中，在农产品安全方面设立专门的预算，以加强对农产品的监督、检测、研究和公众教育等。从过去的经验来看，各种公共危机一旦来临，财政支出是必需的，为此，必须改革公共财政框架。重大突发公共农产品安全事件是典型的公共事件，不能仅仅依靠预备费，一旦出现公共危机，应立即启动财政应急反应机制，编制应急预算。这个预算应当每年编制，但不要求执行，只有当公共危机事件发生时才正式执行，同时还应当将公共财政的应急反应机制纳入法制化的轨道。另外，政府应积极鼓励其他相关部门对农产品安全的投入，在财政与金融上对这项工作进行支持，出台相关的优惠政策，如在农业开发、贷款方面给予积极的倾斜等。

二、实行市场准入制度

实行市场准入制度，规范农产品市场流通，是降低蔬菜农残、杜绝生猪“瘦肉精”，防止农产品二次污染的重要手段，是实现农产品质量全程监控、保障上市农产品质量安全的重要环节。农产品市场准入制度是在以往对市场主体实行市场准入管理的基础上，强化对市场农产品实施市场准入管理的制度体系。其指导思想是“坚持标准，严格准入，开放市场，强制退出”，其基本思路是在开放的市场环境下，通过在进入市场环节实施标准准入、协议准入，在市场交易环节实施动态监管，对不合格农产品或违法经营者实施市场退出机制，对农产品（及其经营者）实施全过程有效控制。目前，国家市场监督管理总局推出了市场准入制度，卫生部门推出了量化分级制度。

（一）加强市场准入环节的制度建设

进一步统一市场准入的质量标准，严格按照有关法律、法规的规定，保证市场准入标准的统一性、科学性，必须实行标准准入制度。在市场上销售的农产品必须符合保障人身健康和财产安全的国家强制性标准，凡已有国家标准的农产品，一律不再制定地方标准。鼓励农产品生产经营业户制定高于国家标准、行业标准和地方标准的企业标准。凡是没有国家标准、行业标准的，可以依法制定地方标准。要根据工作需要，将分散在国家标准、行业标准的标准与实际紧密结合进行综合规范，制定地方标准。

实行农产品备案制度。由生产者或经营者通过农产品安全监督管理系统，按照分类标准就农产品类别、执行标准、检测结果等属性备案。一方面，可以供消费者、经营者和执法者查询；另一方面，也为政府记录信用信息提供票、证符合标准的农产品进入市场的“通行证”“身份证”，其既可以证明农产品质量问题，又可以为全程追溯打下基础。

实行协议准入制度是针对特殊农产品而采取的特殊准入方式。凡进入市场的农产品，其生产加工企业都应与销售环节建立规范的定向进货渠道，以保证安全责任。用“市场引导生产”的管理原则，从生产环节保障农产品安全，变政府执法部门事后查处为主为事前监督规范为主，建立起保障农产品安全的第一道屏障。在实践中，“场厂挂钩”“场地挂钩”“产销对接”“引厂进店”等模式均是协议准入的有效运行模式。①

票证准入制度是监督管理部门为了检查市场农产品的进货渠道而建立的票证查验准入制度。产品进入流通领域即为商品，商品质量的监督管理部门在规范市场秩序，打击假冒伪劣的工作中应当查验体现产品进货渠道和质量的有关凭证，通过引导市场、企业建立进货验收制度、索票索证制度，强化票证准入的规范化水平。

（二）市场交易环节的管理

在市场交易环节运用科学的市场监督管理手段，探索良性市场机制和市场规则运行的管理方法，对进入交易环节的市场客体即作为交换对象的各种商品进行有效监控，这样可以保护正当的市场竞争行为，打击不正当的竞争，保护消费者的合法权益，维护良好的市场秩序。

农产品检测制度是在大型农副产品批发市场、超市建立经质检部门认证的检测室，加强自检、自测工作；同时，各类市场要与具有法定资质的检验机构建立联合工作机制，及时、科学并有一定密度地对市场农产品进行检测；市场监督管理部门配备检测车实行快速检测，加强对市场的实时监控，同时建立与法定检测机构的“绿色通道”，将快速检测结果进行复测，加大执法力度；整合政府各部门的资源，制订全年农产品检测计划，规定检测农产品的品种、检测项目、时间频率等内容，并督促实施。根据各时期的特殊性和突发事件可以安排临时性检

① 高丹丹，陈化飞.黑龙江省农产品绿色物流发展影响因素及对策分析[J].质量探索，2016（01）：109-110.

测，并根据情况定期向社会发布。

全程追溯制度是为了保障从生产、运输、流通和消费各个环节的有效衔接，明确责任主体，实现责任前溯追偿的制度。全程追溯是行政执法机关按照全程追溯各环节关键点的执法分工职责，发现问题依法行政，进行追溯协调、责任分工，确保从产地到餐桌全过程监管的制度。明确全程追溯程序是前提，实现全程追溯是目标，最终达到保护消费者合法权益的目的。

信用监管制度是通过对重点农产品的优劣进行信用记录，达到惩戒违法失信主体的目的。应当开发和应用“农产品质量监督管理系统”，加大农产品的信用监管力度。将农产品信用监管信息和市场主体信用管理系统中的企业身份信息、良好信息、提示信息和警示信息进行有效对接，经营假冒伪劣农产品的经营者将被依法处罚并录入“不良行为警示记录系统”，做阶段性或永久性记载，并对社会公示，其再次进入市场的投资等行为将会受到限制，加大其失信成本，增强农产品生产销售行为主体的自觉遵守意识。

政府有关部门应当加强协调，定期组织综合监督检查，各司其职，该立案的立案，该严厉查处的严厉查处，形成执法合力，加大对违法违规行为的震慑力。

（三）退出市场环节的制度建设

市场上的假冒伪劣商品，不仅会造成社会资源的巨大浪费，而且会给人民的生命健康带来严重的危害。对于不合格农产品，应当实行市场退出，对危及人体健康、人身安全或者具有潜在严重危害的农产品采取责令停止销售或临时控制措施等行政行为，违法生产者、销售者要依法严惩，实行强制退出制度。

对市场自检中发现的问题，市场主办方可与对方解除协议，实行“协议退出”，同时应及时报告政府有关部门。

对生产经营企业，实行限期追回制度。一种方式为召回。生产企业的产品售出后，生产企业自主发现产品存在某种原因的失误（如发现错发、混批、贴错标签、其他质量问题等）主动收回已售出的产品，或者消费者发现产品质量问题后反馈给企业，企业认为必须全部收回的措施，也即通常所说的召回；另一种方式为公告追回。按照有关实体法的规定，有关行政管理部门对经检测确定为不符合安全标准的食品，应当责令生产经营者停止生产经营，立即公告追回。

对于公告收回或限期追回的不合格农产品，消费者可持有效凭证向经营者提出退换要求，经营者不得故意拖延或无理拒绝，违者将受到警告、罚款、没收非法所得直至吊销营业执照的处罚。

无害化处理制度，一是针对市场自检或执法部门检查中发现的不安全农产品（食品），根据规定定点销毁；二是对发现存在的质量问题，生产经营企业自行收回或行政执法部门没收的，应当按照环保部门的有关规定进行符合环保要求的处理。

三、推行可追溯管理制度

（一）农产品溯源管理制度

农产品溯源制度，也叫可追踪系统，是农产品安全管理的一项重要手段，是落实《中华人民共和国农产品质量安全法》的重要措施。这项制度最先由欧盟为解决疯牛病（BSE）问题于1997年开始逐步建立起来，食品法典委员会的一个特别委员会对可追踪系统的定义表述为“食品市场各个阶段的信息流的连续性保障体系”。就是利用现代化信息管理技术，给每件商品标上号码、保存相关的管理记录，从而可以进行追踪溯源。一旦在市场上发现危害消费者健康的食品，就从该市场中撤出其饲料与食品。为了便于溯源，操作者应保存原材料和配料供应商足够多的记录。农产品溯源制度的实行，一是给予消费者知情权，通过向消费者提供生产商及加工商的全面信息，从而使消费者了解实情。农产品的来源地以及生产流程可从电脑中迅速调出，消费者可以掌握供方信息并决定是否购买，消除农产品市场存在的信息不对称现象。二是在制度上强化了产业链各责任人的责任。有安全隐患的农产品将被迫退出市场，而生产质量好的农产品也可以建立信誉，得到相应的经济效益。溯源制度也可以事先预测危害的原因与风险的程度，从而可以通过管理将生产过程中的风险降到最低水平。

目前，我国农产品安全存在的主要问题之一就是市场诚信的缺失。由于农产品的性质，消费者无法辨别哪些是对人体无害的健康农产品，而农产品生产者的分散经营，导致产品无标识，难以追究相关者的责任，国家有关法律法规的规范和制约是需要解决的首要问题。在当前的条件下，由农产品加工流通企业来承担这样的责任，显然是最为便捷有效的。企业作为明确的市场责任主体，它可以以自己的信誉来监督生产者，并以此向消费者担保。

我国已经开始逐步试行追溯和承诺制度。要加强源头监管，明确责任主体。应按照从生产到销售的每一个环节可相互追查的原则，建立农产品生产、经营记录制度。要在全国范围内推行猪、牛、羊耳标管理，实现农产品质量安全的可追溯。蔬菜、猪肉等“菜篮子”产品要推行“产地与销地”“市场与基地”“屠宰厂与养殖场”的对接与互认，从而建立食品安全承诺制度。

（二）完善农产品营养标签管理

农产品标签是为了提供农产品的内在质量信息、营养信息、时效信息及食用指导信息，为消费者选择农产品提供的重要依据。实行的目的，一是规范农产品标签提供的基本信息，避免误导和欺骗，使消费者在信息对称的条件下作出选择。二是提供农产品的标记，以便为农产品召回打下基础。一般的农产品标签都要求包含以下信息：农产品名称、配料表、营养物质含量、保存和食用方法、保质期或保存期、生产商与经销商或进口商的名称与地址、原产地以及生产批次标记。主要分为组成成分标签、警示标签及营养标签。

农产品标签对产品安全性具有警示作用。比如标注配料表，不仅仅是要让消费者知道该产品中含有哪些成分，以供选购或消费时参考，同时也提醒对某些成分有过敏症的消费者注意避开这些会引起过敏症的特定成分。许多国家，特别是欧美发达国家相当重视这项工作，提高在食品安全性的风险管理方面的作用。如在欧美对转基因产品安全性问题争论不休的情况下，一些国家采取了折中的做法，要求生产商对于含有转基因成分的产品进行强制性标签标注，由消费者自行决定是否选择购买。在农产品安全性有不确定因素时，产品标签的标识确实起到了安全性警示作用。同样，美国食品标签法中的营养标签、营养含量声明、健康声明等规定不仅是在宣传食品的营养理念，也是用一种强制性措施来规定必须以醒目的方式在食品标签上进行安全性警示。

我国应逐步完善标签中有关农产品安全的信息，应严格规定在我国市场上出售的所有农产品（食品）必须贴上标明“身份”的号码，如出现质量问题，可以根据这一号码追溯到生产者。

四、完善供应组织体系

（一）提高农业生产的组织化程度

我国农户生产经营规模小，分散程度高，每户供应能力低，是我国农产品生产的特点。因此，必须采取有效措施，提高生产的组织化程度。从我国情况来看，“公司+农户”的方式是非常有效的。“公司+农户”能够将一家一户分散经营的主体组织起来，将标准化生产的装备、技术、观念、意识导入农业和农民之中，并对种植、加工、包装乃至销售的每一个环节进行严格控制，根据市场需求进行标准化生产，以扩大和提高生产规模和质量。

第一，大力培养“龙头企业”，“龙头企业”负责提出生产技术要求，统一提供种子、土壤改良技术，并负责内部质量管理。农户作为承包的一方，负责组织生产；公司可以直接与土地承包大户联合，开展农产品生产。这样做，一是便于土地的集中连片统一管理；二是公司负责组织第三方进行检查和颁证，减少农户的销售成本，并能以高于市场同类产品的价格对产品进行收购。“公司+农户”的方式分松散合作型和紧密合作型两种情况。其中，松散合作型内部质量管理较弱，在这种合作型中，农民只是被雇用参加劳动。在紧密合作型中，生产由农民协会或合作社来组织，并负责内部质量控制。

第二，积极扶持和发展专业技术协会、流通协会等农村专业合作经济组织，充分发挥其连接农户与市场的作用，农民自发或在政府的协助下组织起来，共同开发有机农产品的生产与销售。农民协会的组织方式，有助于降低颁证成本，避免每个农民自行申请颁证的困难，同时节省费用；有助于建立和监督内部质量控制体系，并通过内部相互牵制与联合使其有效发挥作用；有助于组织技术培训、技术试验与推广，有明显的示范作用；有助于土地连片和扩大生产规模，并便于统一田间管理；有助于通过协会发展产品销售渠道；有助于集体统一对外发展联系。

第三，要大力推行标准化生产。标准化生产是农产品安全的必要保证，在生产过程中要严格按照标准组织生产，把标准化生产与无公害农产品开发有机结合起来，把标准化渗透到农业生产的全过程。要按照统一环境质量、统一关键技术、统一规程标准、统一监测方法、统一产品标识等的要求，严格组织标准化生产示范，指导生产者科学合理地使用化肥、农药、除草剂、生长激素等投入品。

要在农产品采收加工、储运保鲜、批发销售等环节实行标准化管理。

（二）按全过程管理的要求完善生产和加工方式

要保障农产品安全，实现“从农田到餐桌”的全过程管理，从先进国家的经验看，建立从源头治理到最终消费的监控体系十分重要。在农产品生产、加工过程中应运用“良好农业规范（GAP）”“良好兽医规范（GVP）”“良好生产规范（GMP）”“良好卫生规范（GHP）”“危害分析和关键控制点（HACCP）”等先进的农产品安全控制技术，以此提高农产品生产企业素质和产品安全质量。由于我国农户多，农产品供应链长，涉及众多企业，各个企业的具体情况又差异很大，因此需要针对具体的情况，采取相应的对策来解决食品安全管理问题。

（三）大力发展储藏运输业

由于农产品的性质与存储特点，农产品物流业应当作为物流业的优先领域来发展。发展物流业，要首先建立专门的管理协调机构，对现代物流业的发展进行强有力的整体推进、统领和协调，以达到资源共享，统一配置。要打破部门分割、行业分割，消除地方保护和行业保护，在全国统一规划，设立不同层次、不同目标的若干现代物流中心，促进建立跨地区、跨行业、全国统一的开放、竞争、公平、有序的现代物流大市场。尽快全面启动现代物流系统标准化工作，尤其是物流设施标准化、集装标准化、物流信息网络标准化，以形成一套完整的物流技术体系、标准体系与管理体系。加快现代物流业基础设施建设，建设长期制约运输、仓储业发展的基础设施，重点规划和建设综合物流基地，为物流企业的发展提供良好条件和政策支持。开发适合我国国情的物流信息管理系统，建立一个由第三方按标准建设，供应商、批发零售商、物流企业参与的数据交换平台，逐步实现物流体系的网络化。鼓励物流企业采用物流管理中的现代技术和方法，同时和当代电子商务发展相融合。

（四）发展现代营销和流通组织方式

宣传、推广物流条码标准，使得更多的企业、相关人员能够了解现有国际、国内标准。积极推进农产品和农业投入品连锁经营和集中配送。在国家和省级定点农产品批发市场以及连锁超市，积极推进安全优质认证农产品的专销区建设。对获得无公害农产品、绿色食品、有机食品认证和经检测合格的食品实行专区销售。

要实施标识管理，规范批发市场和农贸市场秩序。根据不同的特点，积极推行产品分级包装上市和产地标识制度。对包装上市的产品，要求标明产地和生产者（经营者），凡列入农业转基因生物标识管理目录的产品，严格按照农业转基因生物标识管理规定，予以正确标识或标注。

五、加强综合示范区建设

农业综合开发示范区建设要以科学发展观为指导，以促进农民增收和社会主义新农村建设为中心，以改善农业基础设施条件为主要内容，以农业科技新技术、新品种、新工艺的引进、示范、推广应用和培训为重要手段，以培育主导产业、促进产业化经营、推进高效农业规模化为根本目标，优先重点发展特色出口创汇蔬菜基地建设，从蔬菜产业的规模化、产业化、清洁化入手最终实现标准化、现代化和生态化，把农业综合开发示范区建成优势产品的集中区、高效农业的展示区、现代农业的示范区、生态农业的样板区，为社会主义新农村建设作出更大贡献。标准化生产综合示范区，是旨在提高农产品的市场竞争力，满足国内外市场的需求，推动我国农业结构的调整，提高名、优、特、绿农产品水平，促进农业增效，加快农民的增收致富步伐。

（一）建立示范区的基本原则

促进农业结构调整与农民增收并重原则。农业综合开发示范区建设必须坚持以当地资源为基础，以大力培育和壮大优势主导产业为出发点，合理优化配置资源，加大农业产业结构调整力度，尽快形成有市场知名度和竞争力的主导产业比较优势。

第一，技术的先进性与实用性相结合的原则。坚持以现代科技武装和改造传统农业，以技术先进性提升产品竞争力，引进、繁育、推广优良品种，示范、组装、配套优质安全高效节本的设施栽培、生态生物技术以及加工、冷藏、保鲜等产后商品化处理技术，不断提高农业科技含量。

第二，推进产业化升级的原则。坚持科技开发与当地主导产业和农业结构调整紧密结合，注重运用先进的经营方式、高新技术和资金投入进行产业化开发，培育主导产业和主导产品。

第三，农业可持续发展原则。合理、有效地开发和利用农业资源，搞好生态环境综合治理，加强标准化、无公害产品的开发与推广，实施生态农业和农村可再生能源技术的引进与推广，强化水质、土壤、大气等指标的监测，为农业生态环境建设提供有力的技术支撑。

第四，创新机制的原则。坚持以开放的思维开发农业，创新运作机制、多元化开发投入机制、经营管理机制，实行市场化运作、企业化管理，增强科技项目的经营活力。

第五，提高科技含量的原则。利用国内外最新科技成果，加快生物技术、现代工程设施技术、信息网络技术等高新技术的引进、转化和应用，突出技术的集成、组装与配套，加强种子种苗、组织培养、高效施肥、设施栽培、工厂化立体种养、无公害农产品的标准化生产等高新技术的推广运用，努力提高项目区农业科技水平。

第六，发挥示范先导作用的原则。农业综合开发示范区要充分发挥示范带动功能，把项目区建成农业新品种、新技术的示范窗口和推广基地。

（二）示范区要解决的关键问题

示范区要解决的关键问题是根据对“从农田到餐桌”全过程控制的要求，抓住关键环节，提高效率。一是根据农产品安全质量标准的要求，开展农产品生产、加工、储藏、销售技术研究与应用。二是进行基地建设。确定进入无公害示范农产品生产加工基地的标准，并向社会公开招标。三是建立农产品安全控制模式并进行认证。HACCP已经被农产品（食品）安全重大专项确定为农产品（食品）生产、加工安全控制的基本模式，因此应在示范项目中推行HACCP体系，对农产品进行质量控制和监督。四是加快快速检测技术开发与应用。五是建立信息系统和应急预警系统。这两个系统是一种农产品质量安全控制方式的有益尝试，其主要作用是信息的快速反馈和农产品安全档案的建立，对于供应链的监控和食品生产加工质量控制过程督查都会发挥必要的作用。

（三）加强示范区建设

第一，有关部门、单位和地方政府应加强指导和协调，进一步加强科技部门、农业部门、发展改革与计划部门等有关部门的农产品质量安全试点行动的协调规划，在不同地区、不同农产品、不同领域进行试点，相互之间进行合理分工，突出特色，密切协作，将不同的示范区（点）的力量整合起来。在总结经验的基础上，继续扩大试点。地方政府要成立协调领导小组，多部门合作，协同行动。可以建立部门联席会议制度，签订联合执行协议。在各部门现有管理模式的基础上，结合“示范区”项目工作计划，充分整合现有资源，避免重复建设，重复投资。要加强示范项目的技术指导，成立课题专家咨询组、实施组及办公室，负责审批项目总体实施方案并解决具体技术问题和协调问题，实施产学研结合，探索企业进入项目的模式。

第二，严把立项基本条件关，尽快出台相关管理办法和示范区政策，为示范区的实施主体创造环境。

第三，在示范项目中推行HACCP体系、GMP、GVP、GAP等，建立农产品质量安全控制模式并进行认证。

第四，保证资金落实到位。农产品质量安全示范区项目的财政资金和各承担单位承诺的配套资金要按时足额到位，并建立统一账户，做到专款专用，建立完善的监督检查机制。

第五，制定综合示范区评价方法，要作出定量评价，建立确保农产品质量安全性的组织管理运行机制的评价指标；在示范区建立农产品质量安全基本数据库和决策系统；建立示范内容农产品安全状况的评价指标体系；建立示范区农产品安全监控技术体系框架、管理体制、产业组织体制和安全培训评价体系。

第六，加大宣传力度。充分利用各种媒体，包括报刊、网络、电视，及时对农产品质量安全进行宣传，以引起全社会的关注。

第七，加强检查和监督。协调领导小组办公室应进行实行定期和不定期考核，进行检查监督。对于实施比较顺利的，继续给予扶持；对于实施比较差的，根据不同情况，采取通报批评、减拨经费、调整任务直至取消承担资格等处理措施。

六、建立完善的信息发布制度

有效的信息交流有助于消费者形成和增强农产品安全意识，并为农产品质量安全专家、生产者、监管者等提供必要的技能和知识。政府应该采取积极主动的措施，迅速提供有关农产品安全监测、危害、暴发行为、执行和其他农产品安全突发事件的信息。

政府应该建立一个充分利用最新信息技术的国家农产品（食品）安全信息网络，收集和发布透明、完全、时效性强的农产品安全的相关信息，并及时向生产、加工、经营和消费者提供质量、安全、标准、品牌、市场等方面的信息。应该鼓励、扶持中介组织开展营利性的信息收集、发布和评估工作，以规范的法规、制度形式与政府、生产者与加工者、中介组织以及消费者建立密切的联系渠道。应加强国际国内的信息与技术交流等，并承担相应的责、权、利。

通过互联网向社会提供查询服务。查询内容包括农产品安全质量监测和监督抽查结果，农产品安全专项整治行动和成果，重大节日、活动前和期间的农产品安全状况，重大农产品安全事故的调查处理结果，农产品安全投诉举报案件的统计、分析结果等。

七、发挥行业与媒体的作用

除了政府、产业界和消费者外，行业协会、媒体等也发挥着重要的作用，要积极发挥他们的作用，共同提高我国的农产品安全水平。

（一）充分利用行业协会、消费者团体与专业性组织的作用

近几年，我国农产品安全各相关环节已经成立不少行业协会、消费团体和其他专业性组织，他们在保障农产品安全方面发挥了重要作用。针对我国农产品生产存在经营分散、规模小、无序竞争严重等问题，进一步建立和完善农产品行业协会，帮助协会成员加强农产品安全管理，并发挥行业协会在宣传国家的法规法律、组织农户与农场进行标准化生产、推广各项适用的先进技术、组织农户与农场推销产品等方面的作用。

专业性组织的成员都是某个学科（行业、政府、科研）各个方面的专家，因此能够对研究和管理提供全面的专业技术协助。当前，我国专家力量分布在各部门、研究机构、大学和企业之中，由于缺乏专业性的组织，这些专家力量非常分散，作用难以充分发挥；同时，受部门分割和各自为政的管理体制的影响，专业性组织的独立作用很难发挥。因此，应鼓励各类专家组织的发展，并为专家提供发挥作用的途径。

（二）进一步发挥私营机构的作用

可以利用一些民间机构的力量，特别是一些大企业的实验室，让他们承担一部分检验检测任务。这样既可以节省资源，也利于建立起第三方公证的认证系统和认证监督机制，使政府部门从这方面的具体事务中解脱出来。政府应该让计量部门、公证部门进行实验室认证，通过认证以后就可以授权来完成政府所委托的任务。同时，政府要通过法律、经济的手段加强对非政府组织的规范化管理，使他们拥有相应的责、权、利，并通过有效的专业工作对他们进行规范。

（三）增强社会舆论的监督作用

社会舆论是一项很重要的监督手段。要鼓励新闻媒体和消费者开展深入广泛的舆论监督工作，鼓励他们提供生产者和加工者存在安全隐患的线索，为政府监管创造更加有利的工作条件。同时，新闻媒介还间接承担了帮助教育公众的责任。

第六章　农产品分析检验技术应用

第一节　农残速测技术在基层农产品质量安全检测中的应用

在我国食品安全中，农残问题一直是一个关键性问题。充分运用农残速测技术，一方面符合我国种植业的发展现状，另一方面有利于扩大覆盖面，以低成本监测农残情况，从而为食品安全保驾护航。

2021年上半年，全国居民人均食品烟酒消费支出3536元，增长14.2%，占人均消费支出的比重为30.8%。其中，城镇居民和农村居民的食品、烟酒消费支出比重分别为30%和32.8%。在这一背景下，人们对于食品安全、营养提出更高的要求。结合居民膳食比例要求，国人每天平均摄入400～500克蔬菜。在膳食金字塔中，蔬菜处于“地基”位置，换言之，即是否全方位把握蔬菜关，关乎国人的身体健康。然而，在快节奏的生活状态下，在工业的飞速发展下，农田却受到严重的生活、工业生产废气、水的污染。加之一些菜农为了自身获得最大化利益，不惜过量使用农药、化肥，其中不乏高残留、高浓度的农药。在上述各方面因素的影响下，蔬菜中的重金属含量偏高，尤其是农药残留、硝酸盐更为严重。这些现象给人的生命安全埋下了健康隐患。基于此，政府需不断强化监管农产品生产、流通等环节。

一、推广农残速测技术的必要性

由于具有适应性广、方便使用、见效快等多方面优势，农民普遍长期大量使用农药。随着科技的发展，特别是充分意识到可持续发展农业的重要性，我国政府开始高度重视，严格控制农药的使用，尤其是有机磷和氨基甲酸酯类农药，不但威胁消费者身体健康，也对农产品出口、农村环境等造成不利的影响。从本质上说，虽然害虫不利于农产品的生产，但使用农药无疑是破坏了生态平衡，其所造成的危害不容忽视。由此必须强化监管，尽快解决上述问题。

我国种植业多采取“公司+农户”的组合模式。另外，由于蔬菜类的生长期较短，为了保持新鲜，多即采即卖。总之，蔬菜流通具有来源广、批量少、时间短等特点，更要求相关检测部门充分运用快速检测技术及时检测农药残留。

二、推广农残速测技术的可行性

定量检测法，即运用大型精密仪器检测农药残留。一次样品检测具有如下缺点：①对实验室、空间的要求较大。②成本高、操作流程烦琐，时间长。③要求实验人员必须具有较高的技术水平。相较而言，农残速测具，作为定性分析，有如下优点：①仪器的成本较低，通常2万元就可建立农残速测室，单个样品试剂的成本低至2元。②空间要求小，只要有4～5平方米即可展开。③操作简单，通常情况下只需半个小时甚至几分钟就可完成样品的检测工作。④操作方法非常简单，通常专科学历者只要经过简单的培训即可操作。这也有利于农户方便自检即将要上市的蔬菜。结合上文分析，当下我国以个体家庭及小规模合作社为主要种植方式，因此非常有必要充分发挥主管部门的作用，构建基层监测站，以全方位提升蔬菜检测的普及率、覆盖率。具体可通过政府引导合作社，通过培训等方法以提升内部人员的专业水平，构建“质检服务站”，通过技术服务等方式帮助那些规模小，尚没有能力进行自我检测的合作社。①

三、蔬菜农残速测技术

（一）检测前准备

以小天鹅GDYN-110SB农药残毒速测仪为例。

准备如下四种试剂：①缓冲液；②乙酰胆碱酯酶液；③显色剂；④底物。

① 沙娜瓦尔·色买提.农产品检测中快速检测技术的应用研究[J].食品安全导刊，2021（06）：154-155.

试剂可直接从市场购买，也可按照试剂说明书合理配制，另外最好将试剂储存于0℃～4℃的冰箱之中，在使用前摇匀，常温下使用，用完后，要第一时间放回冰箱之中。

之后进行预热、仪器自检，接通仪器电源。通常需要自检10秒左右。在开启仪器后，最好留30分钟的预热时间，以确保测量结果的准确性。

（二）样品处理及检测报告

1.校准及空白测量

首先取比色皿，加入缓冲溶液（1ml）、酶液（50μL）、显色剂（50μL），并充分摇匀后，放入比色槽，并按下“调零”键进行校准。

取出该比色皿，继续在其中加入底物（50μl），摇匀后放入比色槽，并按下“调零”键进行空白检测。此时出现的两个吸光度值A和b，参考试剂盒使用指南，b与A的差值大于0.1即为有效。假设没有在这一范围，为了检测结果有效，必须重新配置空白样进行测量。

2.样品处理

切碎蔬菜样品，称取2克置入瓶中，每一个样品做三次平行，并加入缓冲溶液（10ml），振荡后在室温下静置15分钟。吸取1ml清液置于比色皿中，加入酶液（50μl）、显色剂（50μl），振荡后再次静置1分钟。然后加入底物（50μl），充分摇匀并检测。以GB/T5009.199—2003为标准，此时需要注意对照检测以及处理样品的时间，温度是否一致，即可快速检测出蔬菜中氨基甲酸酯、有机磷等农药残留量。

3.检测报告

在完成检测报告后，需按要求填写检测日期、被检单位、检测人及审核人等相关信息，即填制完整检测报告单。还要复检显阳性的样品，具体可采用高效液相色谱、气相色谱法，最终合理确定判断结果。

四、异常结果分析及对策

（一）产生假阳性结果

如果出现假阳性结果，首先可通过检查的方式，明确照样检测值是否在正常的范围之内。另外，国家标准GB/T 5009.199-2003明确指出："葱、蒜、萝卜、韭菜、芹菜、香菜、茭白、蘑菇及番茄汁液中，含有对酶有影响的植物次生物质，容易产生假阳性。"针对这类样品，为了减少次生物质的影响，可使用整株浸泡法。

（二）检测结果中有很多0.01%、负值

之所以会出现这一问题，与实际值大于检测值有关，即泛属于系统错误。通过对比对照值、样品值，即可得出抑制率，在检测参照物时，所加入的试剂量不合理，极易导致检测出的对照值远远小于实际值。这样一来，就会产生检测结果异常的问题。出现这一情况，有必要重新对照。基于此，在实际操作中，更要掌握合理使用移液枪及其他相关工具的方法，减少由于操作失误、操作不当而引起两驱试剂不准，从而形成存在偏差的检测值。

五、农残速测技术在实际应用中存在的缺陷

（一）速测仪易出故障检测

技术人员所运用的速测卡检测、速测盒的灵敏度、准确度、精确度等偏低。比如当前广泛应用于县级、镇级监测检测农产品机构的小天鹅GDYN-110SB和博纳CL-BⅢ等农残速测仪就是极易出现故障的检测工具，有待进一步优化。此外，速测仪的光源、通道透光率存在较大的波动，一旦出现上述情况，就必须卸去仪器的底盖，再一次调整透光度，才可使仪器恢复正常。

（二）检测试剂稳定性差

当前，农残速测技术多以水剂、干粉试剂作为试剂，此类试剂的稳定性偏低。相较于干粉而言，水剂的稳定性更低。换言之，即质量检测单位广泛使用的水剂检测农产品的稳定性不足。通常情况下，需要在特定的条件下，才可使用试剂，且保质期非常短。另外，检测单位通常会使用规格为5ml的试剂，此规格的试剂可检测50份样品。然而，很多检测单位所使用的剂量偏小，且试剂的次数不足，未能充分发挥试剂的功效，存在大量剩余试剂被搁置的问题。

六、农残速测技术的发展前景及建议

强化与科研单位的联系，积极研发农残速测技术，优化农残速测技术。优化检测农产品质量的效率，提升农产品质量。最后强化试剂质量管理，携手相关研究单位，积极研发相关质量标准，规范生产农残速测技术试剂市场，优化检测试剂的配方、生产方式及试剂质量。

第二节　无损检测在农产品品质检测中的应用

近年来，人们对食品的要求从口味、风味等直观特性转向营养、品质等方向。农产品的质量安全不仅影响农产品的生产和消费，还关系到我国农产品市场竞争力和消费者身体健康。我国加入世界贸易组织后，对农产品质量检测技术和方法提出了更高要求。无损检测技术具有快捷、卫生、准确等优势，是众多科学研究者的重要研究领域。

一、农产品无损检测概述

无损检测指从外部给农产品一个激励能量，待测物受激励能量影响时，从输入和输出的关系便可获得待测物质的物理化学特性，主要是利用农产品的物理性质因缺陷而发生变化这一事实现象实现的。检测方法有力学检测、光学检测、声和超声检测、计算机图像处理、电学和电磁学检测及射线检测。与传统理化检测方法不同，农产品无损检测不需要大量化学药品，对环境不会造成污染，不用对样品进行前处理，可实现即时检测，能在单元操作下获得多个信息。因此，在众多检测农产品品质的技术中，无损检测技术脱颖而出，成为众多研究者的重点研究对象。

二、农产品品质检测中无损检测方法介绍及应用

（一）光学特性

光学特性指农产品对投射到表面上的光产生反射、吸收、透射、漫射或受光照后激发出其他波长的光的性质。根据这一特性结合光学检测装置能实现农产品特别是果品的无损检测。原理是小部分散射光较深地扩散到农产品内部，一部分被农产品所吸收，一部分穿透农产品。光被吸收的多少与农产品的性质、光的波长及传播路径长度等因素有关。利用光学特性对农产品展开无损检测的方法中，近红外检测技术极具代表性，检测内容涉及农产品品质指标及营养指标等。

（二）声学特性

农产品声学特性指农产品在声波作用下的反射特性、散射特性、透射性、吸收特性、衰减系数和传播速度及其本身的声阻抗与固有率等，反映了声波与农产品相互作用的基本规律。农产品的声学特性随食品与农产品内部组织的变化而变化，不同食品与农产品的声学特性不同，同一种类而品质不同的食品与农产品其声学特性往往也存在差异，根据食品与农产品的声学特性可判断内部品质状况，并进行分类、分级。吕吉光利用智能手机对哈密瓜成熟度进行快速检测时发现，安卓手机应用程序对哈密瓜成熟度的判别整体准确率可达到90.9%，通过用户反馈可进一步提高判别能力。吕飞玲在进行西瓜品质检测研究时发现，利用声波在西瓜中的传播速度检测西瓜含糖量时，检测结果不受西瓜大小和尺寸的影响。①

（三）电磁学特性

农产品的电磁法包括主动电磁法和被动电磁法。主动电磁法指农产品中存在的某些能量源而产生的电特性，包括电动势或电势差，在生物系统中表现为生物电势，在压电晶体中则表现为应变诱导电势。被动电磁法反映农产品内部电场和电流（电荷）的分布特性，是一种由农产品内部结构所决定的固有特性。刘彬基于介电特性通过测试系统对鸡蛋品质展开研究时，发现鸡蛋新鲜度指标误差低于5%，品种鉴别率达98%。

① 冯希霞.农产品质量检测中无损检测技术分析[J].现代农业研究，2021，27（09）：145-146.

（四）电子鼻检测

电子鼻能显示农产品中挥发性物质，具有模拟人类嗅觉器官的特性。电子鼻主要由传感器、数据处理设备和分析软件三部分组成。随着无损检测技术在农产品品质检测中的不断应用，电子鼻检测技术也在农产品品质检测中得到广泛应用。研究表明，电子鼻检测果品中香气主要依靠果品发育过程及采后处理生理过程中的香气变化。电子鼻技术作为新兴智能仿生技术，具有样品处理简单、检测速度快、识别效果好、实时和无损等优点。目前，电子鼻技术在果品成熟度和新鲜度检测中得到有效运用。马泽亮采用电子鼻系统利用PCA法（主成分分析法）建立了一种高效检测白酒品质的方法，结果表明此方法对于掺假白酒的区分率达100%。在农产品品质检测中，商用电子鼻准确度很高，但稳定性有待提高。由此可见，电子鼻技术在农产品品质检测中具有很大发展空间。

农产品质量安全关系着人类生命安全，也关系着社会、经济的发展，但农产品种类多、组成元素复杂，缺乏系统的、全面的、精准的检测体系。为推动农产品行业的稳步发展，应建立更为完善的检测体系，包括营养指标、品质指标和功能性成分等多方面，不能只进行单一检测。同时，为保障农产品食用安全，应建立追溯体系，对农产品种植和流通过程加强监管。无损检测方法对农产品不会造成损害，可使农产品分级工作实现高效化、快速化、便捷化和规模化，对提高我国农产品的国际市场竞争力有极大优势。但目前，农产品品质检测技术尚处于初级阶段，有关农产品内部成分综合检测方法的研究并不多，因此，未来应特别重视农产品无损检测研究，尤其要重视新技术在食品工业无损检测技术中的研究工作，加强无损检测技术在农产品品质检测中的应用，推动我国农产品行业的蓬勃发展。

第三节　色谱检测技术在农产品检测中的应用策略

农产品检测中应用色谱检测技术，能够有效辨别出农产品上面的有害物质与农药残留。科学技术不断发展，促进了色谱检测技术在农产品检测中的应用，其为农产品质量提供安全保障的同时，也为维护消费者合法权益提供了技术支持。在农产品检测中，如何科学、合理地应用色谱检测技术，是目前各相关人员需要考虑的问题。

一、色谱检测技术基本原理与检测流程

（一）技术基本原理

1905年，俄罗斯科学家茨维特发明了色谱检测技术，其会根据不同类型的检测对象采用不同的检测方式，主要分为两个部分，分别是固定相与流动相。前者主要针对混合物，在保留所有组分物质的前提下，对各个混合物的组分性质进行检测，后者是通过设置不同的参数以及根据该检测对象变化的特性，进行多重数据检测工作，以此来达到两项平衡的状态。

（二）检测流程

农产品检测中应用色谱检测技术时，其技术人员需要按照相关的操作规范来进行检测工作，这样才能确保色谱检测技术得到合理的应用，根据检测对象来设置或选择有针对性的混合溶液。但要注意的是，在检测的过程中需要把回收率加标在99%，使其保证该技术的应用价值得到充分的发挥，严格遵守相关操作规范，不仅可以提升检测结果精准性，也可以有效地避免检测结果出现误差以及检测过程中误操作问题的发生。技术人员在进行检测时，先对需要检测的样品进行分类，并在检测的过程中对每一个样品都要加标回收率，将待检测的样品与空白溶液进行适当的配比，这样才能更好地保障全部样品的加标回收率的准确性，结

合相关农产品质量标准，进一步提升农产品检测结果的可靠性与稳定性。相关法律法规的出台，极大地促进了农产品检测工作的有序开展，也为今后更好地检测农产品质量工作提供了科学的参考依据。

二、色谱检测技术在农产品检测中应用的意义

在农产品检测中应用色谱检测技术，在一定程度上能够提升农产品安全监管水平，其色谱检测技术也逐渐成为现阶段检测农产品安全的主要手段之一，色谱检测技术作为农产品安全检测过程中关键的一环，同时为我国有关部门开展不同类型的产品检测计划与课题提供了重要的科学保障。不法商家为了谋取一己私利，对农产品采取相应的手段，来提升产品品质与价值，虽然这一类产品表面看起来与普通农产品并无明显的差异，但利用色谱检测技术，可以及时发现各类农产品表面附有的有害物质以及农药残留等。农药残留物过多，不仅会引发人体食物中毒，严重的甚至会出现死亡，造成无法挽回的损失。①

针对上述情况，我国开始逐渐重视这一方面工作的监管与调控，农产品检测技术对农产品质量安全有着十分重要的影响，检测技术不到位、不合格，导致更多附有有害物质的农产品流入市场，人若是食用了附有大量有害物质或农药残留的农产品，虽然少量的有害物质不会对人产生很大影响，但长此以往，其体内毒素排不出去，不仅损伤人身体肝脏，而且会使得人们患肝类疾病的概率急剧上升。色谱检测技术在农产品检测中的应用，极大地提升了农产品安全质量，也为其技术的有效推广奠定了基础。

三、农产品检测中应用色谱检测技术的具体方法

（一）检测对象及色谱检测设备

为了更好地保证广大消费者饮食安全，我国有关部门在加大对农产品质量安全检测力度的同时，也对与农产品检测相关的技术进行了深入的研究。其中，色谱检测主要针对的是农业生产中衍生出来的初级产品。随着科学技术的不断发展，现阶段主要应用的两种检测方式分别是液相色谱法与气相色谱法，气相色谱

① 赵杰文，陈全胜，林颢.现代成像技术及其在食品、农产品检测中的应用[M].北京：机械工业出版社，2011：186.

法是目前最为常用的检测方式。相关检测设备的使用可以更好地帮助技术人员分析农产品中残留的药物成分及有机污染物等。在实际检测的过程中，电子捕获器的使用可以更加深入地检查农产品表面的农药残留，利用非放射与放射源所构成的热电子来开展农产品检测工作，可以有效检测农药残留中的有机氯含量，对水果蔬菜这一类农产品的农药残留的检测有着十分显著的成效。在农产品实际检测的过程中，利用氮磷检测仪器设备，可以帮助技术人员快速地检测出磷与氮这两种化学元素，因具备灵敏性较强的特质，即使检测的农产品样品中含有少量的元素物质，该检测仪器设备也可以通过颜色反应帮助技术人员来分离这两种元素物质，大大地提升了农产品检测效率。

（二）检测方法

在农产品实际检测的过程中，选择最合适的农产品以及使用针对性方法来进行检测工作，能够在最大限度上确保农产品检测结果的稳定性与精准性。以下两种检测方法在农产品实际检测中起到了关键作用，并占据着十分重要的位置，随着该项技术不断完善，其应用范围也逐渐扩大。

1.液相色谱法

因液相色谱法在实际农产品检测的过程中涉及很多检测仪器设备，比如高效液相色谱柱、高压泵以及高灵敏度检测仪等，相较于气相色谱法有着更高的分类效率，但由于涉及仪器设备较多，在农产品检测中总应用率比气相色谱法少一些。液相色谱法对农产品中的有害物质以及农药残留可以进行快速分析，并适合高沸点、挥发难及高聚合性等物质的检测，其检测效率非常高，尤其是对农产品中甲胺磷这一类物质的检测，从综合性的角度来说，检测效果要优于气相色谱法。

该技术可以检测小麦、玉米、大豆等相关的农作物。以小麦为例，现阶段市场上的小麦粉质量问题主要是出现了真菌毒素和面粉增白剂。种植户一般为了提升小麦产量，对小麦种植区域施用除草剂以及相关的杀虫剂，同时为了提升小麦质量也会施用相应的肥料，这些肥料主要成分都是各种各样化学物质，这就使得小麦在成熟后，本身会存在一些药物成分，但这一类药物成分会影响人身体健康。比如说利用高效液相色谱法，用纯水提取小麦试样中曲酸，采用配有二极管阵列检测器或紫外检测器的高效液相色谱仪检测，并外标法定量，可以更好地测定小麦检测样品中的化合物。液相色谱法检测效率非常高的性质，极大地提升了有关部门对农产品检测工作的效率与质量，为我国食品安全提供了基础保障。

2.气相色谱法

气相色谱法主要是运用氮气、氢气等惰性气体，对流动相色谱进行构建，在气体的作用下向系统传递检测样品，并利用分析仪器设备分离化合物，因色谱柱中不同的检测样品在分配系数上存在一定的差异，需要将汽化后的检测样品向色谱柱中传输，并多次分配样品，这样才能确保农产品在检测的过程中顺利地实现吸附与脱附。不同的检测样品具有各不相同的吸附能力，相对地也存在差异化的运行速度，在相关检测仪器设备的支持下，可以有效记录农产品中的混合物，进而快速达成农产品检测效果。因气相色谱法在农产品检测过程中，操作简单、难度较小，并且相关检测仪器设备具有很强的稳定性，对外界因素的抗干扰能力比较强，为技术人员更好地控制农产品检测结果提供了强有力的保障。

以水果、蔬菜这一类产品为例，首先，需要制作检测样品试样，利用打浆机将已切碎的农产品食用部位，与甲基氢混合后放入匀浆机，静置2分钟后，把混合后的溶液放入氯化钠量筒中，要注意控制剂量并做好相应的保密措施，将其振荡1分钟后，在室温环境下静置0.5小时，以便更加有效地分析甲基氢与水。在静置好的溶液内添加乙腈溶液，以水浴蒸的方式将溶液进行蒸发，蒸发后的样品中加入正己烷，处理封口，经一系列相关程序后，就可以对处理好的溶液样品进行待定检测。利用气相色谱检测法对待测定样品溶液开始检测，并对检测样品溶液中的组分类别给予合理划分，确保各个组分含量计算结果的合理性与精准性。若两者保留时间具有0.5分钟以上的差距，就可以表明该样品中未知成分为农药。在具体的应用中，技术人员必须严格遵循相应的操作规范、操作流程来进行检测处理，从而提升检测的规范化程度，保证农产品检测结果的准确性和真实性。随着科学技术的不断发展与进步，相信农产品检测技术也会发展与升级，为食品质量提供安全保障。

综上所述，农产品检测中应用色谱检测技术，在一定程度上可以积极促进农产品检测工作顺利开展，随着经济与科学技术的不断发展，相关技术人员不断完善色谱检测技术的同时，也能够为色谱检测技术在农产品检测工作中的应用与推广提供基础保障，这极大地提升了我国食品质量安全，以及对广大消费者合法权益的维护。

第四节　免疫分析技术在农药残留快速检测中的应用

农产品如蔬菜、水果等在生产过程中不可避免地会出现多种病虫害，致使产量和质量下降。因此，在各个环节针对病虫害喷洒农药已成为有效的解决办法，但长期、过量喷洒农药甚至违规使用国家早已禁用的高毒农药，造成农产品农药残留的问题较为突出，严重影响了农产品的质量安全，危害人体健康。随着国际、国内农残管控呈高压态势，农残控制刻不容缓，及时有效地检测出农药残留量成为农残管控的有力手段。

现行的农药残留监控方法主要依靠实验室大型分析仪器，存在检测成本高、专业性强、不易普及、分析周期长、结果反馈滞后等问题。农残快检国标以酶抑制等理化方法为主，该方法具有速度快、成本低、适合对批量样本进行筛查等优点，在农药残留监管初期非常有效，但其依赖于颜色变化，受样品组织液干扰较大。随着检测监管要求的不断提高，酶抑制等理化方法已不能满足新的现场检测及监管需求。

一、荧光免疫分析检测农药残留的原理

将荧光的敏感可测性与抗原抗体免疫反应的高特异性有机结合，在抗体上标记荧光素作为示踪剂标记抗原、抗体或半抗原分子，合成性能优异的荧光试剂。当抗体抗原反应结合物中的荧光底物被蓝光或紫外光照射时，底物会吸收光照转化为激发态。激发态不稳定，又会重回基态，从而以电磁辐射形式释放出能被吸收的光能，发出荧光信号。基于荧光强度—农药浓度曲线，可推断出待测样品中的农药残留量。

二、常见的荧光标记物类型

荧光标记物常见类型如下：一是香豆素类标记物。其在底物标记荧光免疫分析及荧光酶联免疫分析方面有着非常广泛的应用，伞形酮（7-羟基香豆素）是

典型的香豆素类标记物。二是荧光素类标记物。该类标记物具有较高的荧光量子产率和摩尔吸光系数，属于常见荧光标记物，但荧光素的荧光发射光谱会与胆红素重叠，会对均相免疫分析产生严重干扰。三是罗丹明类标记物。此类标记物与荧光素类基本结构相同，与荧光素类相比，其荧光量子产率偏低，但发射波长较长，其中四甲基罗丹明异硫氰酸酯是这类化合物中应用最广泛的物质。四是藻胆蛋白类标记物。藻青苷、藻红朊和别藻青苷较易溶于水，因结构中含有几个线性四吡咯辅基，吸光能力很好，常被用作微粒浓缩荧光免疫分析的荧光探针。五是异硫氰酸荧光素。此类标记物为黄色、橙黄色或褐黄色结晶粉末，最大激发波长为490～495 nm，相对分子质量是389.4，最大发射波长是520～530 nm，能溶于乙醇和水，在低温干燥的环境中性质最稳定，可保存多年。六是镧系螯合物。某些三价稀土镧系元素，如铽（Tb^{3+}）、铕（Eu^{3+}）和铈（Ce^{3+}）等金属螯合物经激发后可以发出特征荧光信号，其中Eu^{3+}在分辨荧光免疫测定中应用最为成功。

三、几种较成熟的荧光免疫分析技术

根据结合和游离的标记物是否需要分离，荧光免疫分析可分为均相法和非均相法。现将几种发展比较成熟的荧光免疫分析技术介绍如下。

（一）均相荧光免疫分析

均相荧光免疫分析在抗体抗原反应结束后，已结合和未结合的标记物无须分离，便可直接测定，如荧光的吸收、激发和猝灭等特性在均相法中常被用来进行试验设计。较典型的均相荧光免疫分析法如下：一是荧光猝灭免疫分析。荧光素标记的抗原用作示踪剂标样，特异性抗体与被分析物和示踪剂结合时并不会对示踪剂的荧光造成影响。免疫反应结束后加入抗荧光素抗体，游离态示踪剂与该抗体结合后使其荧光猝灭。空间阻碍导致抗体结合的示踪剂不能结合抗荧光素抗体。因此，体系的荧光随样品浓度的增加而减弱。但是，不考虑荧光猝灭的效率，总荧光信号一直受到实际样品中固有荧光的干扰，因而对背景的监测和校准很有必要。二是荧光激发共振能量转移免疫分析。该方法需要用到两种标记物，一种为能量受体，另一种为能量给体。一般受体与特异性抗体连接，而给体与被分析对象的标准品连接。当免疫反应发生时，两种标记物互相靠近，能量从给体的电子激发态转移到受体分子。三是底物标记荧光免疫分析。用荧光底物标记抗原标样，如底物半乳糖苷伞形酮，与抗原的结合物是非荧光的，其在β-D-半乳糖苷酶的环境中被水解为半抗原与伞形酮的结合物和乳糖，后者荧光很强。该方法的核心是当标记抗原与抗体反应发生时，酶接近荧光底物受阻。因此，只有游离态的荧光底物标记的抗原才能与被酶水解释放出强荧光的伞形酮相结合。四是荧光偏振免疫分析。该方法在不需要分离的情况下，可以通过测定荧光偏振值的大小来测定标记试剂在游离相和结合相的比值。

（二）非均相荧光免疫分析

与均相荧光免疫分析法相比，非均相荧光免疫分析在抗原抗体作用后，需将未结合和已结合的标记物进行分离，然后才能测定。常见的有以下三种：一是竞争性可磁性固相荧光免疫分析。其原理与放射免疫分析接近，反应体系中同时加入抗原标准品或未标记样品和荧光素标记的抗原，让二者与定量的特异性固相抗体竞争结合。反应结束后进行分离，分离后检测结合物的荧光强度，以推断待测样品中抗原含量。二是非竞争法荧光免疫分析。先将抗原标准品或待测样品与固相抗体混合反应，一定时间后，再加入荧光素标记的抗原。再次反应后，将游离成分与结合物分离，再进行测定。三是粒子浓缩荧光免疫分析。基于免疫微球荧光测定方法，再引入膜过滤技术建立的抗体检测方法，在聚苯乙烯胶乳微球（直径0.8μm）吸附特异性抗原，合成固相化抗原，同时在特制孔内加入含待测抗体的样品液及荧光素标记的第二抗体和固相抗原，反应结束后，抽滤去除未结合的反应液，等同于将反应物浓缩了100倍，可大大降低非特异性干扰，提高方法的灵敏度。[①]

（三）时间分辨荧光免疫分析

时间分辨荧光免疫分析始于20世纪80年代初，是一种新型非放射性免疫检测技术。主要特点是以稀土元素为示踪剂，再使用时间分辨荧光测量法排除非特异性荧光的干扰，最大限度地提高灵敏度，检测限达1.0×10^{-17}mol/L。该技术具有标记物无放射性污染、有效期长、应用范围广、容易制备、适合大量样品检测及标准曲线量程宽等优点，虽然发展时间短，但对该技术的研究及其应用发展迅猛。

① 朱丽梅，张美霞.农产品安全检测技术[M].上海：上海交通大学出版社，2012：155.

目前，应用于时间分辨荧光法的分析系统如下：一是DELFIA系统。该系统基于测定用增强液萃取与免疫试剂结合的Eu^{3+}浓度来定量，灵敏度很高，但不能直接测定固相样品的荧光强度，需用增强液，不仅操作麻烦，而且极易受Eu^{3+}的污染。二是FIAgen系统。该系统不需增强液，但由于螯合物荧光效率低，该系统的灵敏度低于DELFIA系统。三是EALL系统。该系统为酶催化放大时间分辨荧光检测系统，是以碱性磷酸酶为标记物，底物为5–氟水杨酸磷酸酯，底物水解后所生成5–氟水杨酸，在高pH条件下与Tb^{3+}–EDTA形成高强度荧光复合物，即可进行时间分辨荧光测定。四是TBP系统。该系统所使用的铕离子螯合剂为三联吡啶类穴状化合物，可与Eu^{3+}螯合形成TBP–Eu^{3+}，TBP是一种大分子多吡啶环组成的环状结构，中空似穴状，与Eu^{3+}相匹配，Eu^{3+}发射的长寿命荧光可被吡啶环所接受并传播出来，不会因反应媒介而猝灭。以TBP为螯合剂，反应体系可直接进行固相测定或均相测定。

（四）酶联荧光免疫分析

酶联荧光免疫分析结合了酶标免疫试剂的放大性和荧光测量的高度敏感性，是目前非放射免疫分析中灵敏度最高的方法之一。ELFIA利用荧光底物标记抗原或抗体，该底物被相应的酶分解后产生荧光，是一种微量且灵敏的酶免疫分析方法。AP酶、HRP酶及β–D–半乳糖苷酶是ELFIA中应用最广泛的三种酶，此类方法因特有的优势而发展迅速，已应用于多个领域。

（五）多重免疫分析

多重免疫分析可以采取光谱不重叠的多种标记物或单一标记物进行空间上的分离。标记位点多，每个抗体可达20个，可单、双、三、四标记，一个试剂盒可同时进行多个成分的检测。近年来，一项新的免疫学技术，即多荧光微珠免疫分析能够实现应用一个试剂盒同时检测一份标本中1～100个成分（或指标），具有很大的潜在优势。多重免疫分析蓬勃发展，越来越受到人们的关注。

第五节　原子荧光技术在农产品重金属检测中的作用分析

原子荧光技术也被称为原子荧光光谱法，最早被作为氢化物气体分离技术，在砷的测定中进行分析应用。现阶段，原子荧光技术作为一种物质检测与分析常用的技术手段或者是仪器装置，在多项元素的具体检测与分析中均有一定的应用和实现。其中，金属合金以及矿物、矿石、钢铁冶炼、原子能、半导体等多个行业领域的有关检测和分析中，均对原子荧光技术有着较为广泛的应用，并且其检测应用的作用优势也较为显著。农产品重金属检测作为进行农产品重金属污染评价与控制的重要环节，其检测结果对农产品重金属污染防治以及我国城乡建设的整体推进等，都有着十分重要的作用和影响。为此，本书将通过对农产品重金属污染及其危害的分析，结合原子荧光技术的检测原理与特点，对原子荧光技术在农产品重金属检测中的应用及其作用效果进行研究，以供参考。

一、农产品重金属污染及其危害分析

重金属包含铅、汞、镉、砷等共40多种金属元素，并且多为过渡元素，是比重高于5的金属元素，能够进入水体、土壤和大气，对土壤中生长的植物等产生污染影响，并通过各种途径进入人体，最终对人体健康产生危害。因此，加强对农产品中的重金属含量检测，以确保农产品质量合格，是减少农产品重金属污染及危害的有效措施。

重金属对土壤中生长植物的危害主要表现为，植物生长过程中通过多种途径受到重金属的污染影响，而植物在吸收过多的重金属后会出现生化反应，从而产生相应的毒害物质，降低植物中酶的活性，对植物的生长产生影响，严重时甚至会造成植物死亡。重金属在水体中所产生的危害表现为，使用受重金属污染的水进行农作物种植灌溉，会导致农作物生长受到重金属的污染影响，而人们在食用被重金属污染的农产品后，会发生中毒或者是各种严重疾病。水体在受到重金属污染后，水体中生存的鱼类、虾类以及植物等，也会受到相应的污染影响，同时在被人们食用后，这些重金属又会转移到人体，对人体产生较大的危害。

农产品重金属污染及其危害十分严重。农产品在种植与收获、包装等过程中均可能受到重金属的污染影响。如在农作物的种植生长过程中，一旦土壤与水体中的重金属含量超标，在进入农作物后，就会使农作物品质受到影响，并且对受重金属污染影响的农作物进行产品加工与售卖后，还会对人体健康产生威胁。由于重金属在人体中的富集，是通过生物的放大作用进行逐渐积累的，具有较大的毒性危害和影响。因此，一旦重金属进入人体，且富集累计超出相应标准，就会对人体的各器官产生较大的危害，使人体系统受到严重破坏，导致人类机体免疫力与抵抗力降低，损坏人的神经系统等。值得注意的是，人体在受到重金属污染后，由于重金属能够在人体内长期留存，不能被人体新陈代谢系统代谢掉，在初期不容易被察觉，随着时间累积与重金属浓度增加，其危害性逐渐提升，所以更需要引起重视。

二、原子荧光技术的检测原理与特点分析

原子荧光技术也被称为原子荧光分光光度分析法，在实际检测中应用，根据原子进行特定波长的光能量吸收后，会产生跃迁，逐渐发展并上升至相对较高的能量状态，同时受高能状态的电子不稳定特性影响，能够实现从高能状态自发向低能状态跃迁，并发射出相应的荧光变化，根据该过程和原理，即能够通过原子荧光法进行农产品中的重金属含量检测和分析。

根据上述对原子荧光技术的检测方法与原理分析，在进行农产品中的重金属含量检测分析中，人们通过对待测元素的原子荧光强度进行测定，从而根据测定分析结果，对农产品中的重金属浓度与含量进行计算和确定。由于原子荧光技术进行检测应用不仅灵敏度较高、干扰因素较少、检测成本低，而且其测量分析范围也比较广，在环境监测与矿物质分析、水质监测、医学分析等各领域均具有较为广泛的应用。其在农产品重金属检测中能够实现农产品中的汞、锡、铅、镉等共11种元素的有效测定。

值得注意的是，采用原子荧光技术进行农产品重金属检测时，应注意对以下影响因素进行有效控制：①检测分析使用容器的精确度。农产品重金属检测中，对实验分析使用容器的影响进行积极消除，是促进农产品重金属检测精确度

提升的有效措施。如在实际检测分析中，根据玻璃容器的材质特点，由于其在检测使用中容易对溶液成分产生影响，从而导致其重金属检测结果不准确，尤其是进行无机痕量分析中。因此，需要采用塑料容器进行替代，以确保检测分析结果的准确性。②检测实验环境。原子荧光技术检测农产品重金属含量与浓度中，实验环境也是影响实验分析结果精确度的一项重要因素，因此，在实际检测与分析中，为最大限度消除实验环境对检测分析的影响，就需要加强对实验设备以及实验室环境的清洁和管理，确保实验环境中具有良好的通风条件，避免实验环境对实验检测结果的准确性影响。③基体改进剂。在进行部分农产品检测时，由于其检测样品的介质复杂性较高，检测过程中存在较强的干扰影响，从而对检测结果的准确性产生影响。针对这种情况，就需要采用基体改进剂对背景干扰进行吸收控制等，以减少其对实验检测与分析结果的准确性影响。一般情况下，采用原子荧光技术进行农产品检测，通过加入使用适量的基体改进剂，能够有效消除干扰影响，降低检测分析中的空白值以及待测元素的挥发损失等，促进原子化温度提升，对检测结果准确性进行有效保障。

三、原子荧光技术在农产品重金属检测中的应用及作用分析

（一）实验分析原理与基础

根据上述对农产品重金属危害以及原子荧光技术的分析，本书在进行原子荧光技术检测农产品重金属分析时，主要通过实验方法对具体检测分析与应用效果进行研究。实验中通过对原子荧光技术与好氧系统同时存在的重金属降解性能及变化分析，结合实际分析与实验操作环境，分别对好氧与厌氧环境下的实验测试进行对比，最终获得处于重金属环境的原子荧光技术检测变化与分布特性。此外，针对上述实验分析与操作中存在的不足，还通过进行特定实验环境中的五氯酚降解特性分析，以进行原子荧光色谱分析中随外界环境改变的变化情况，并在原子荧光色谱分解中，采用$Cl/AlCl_3$离子液体作为基质，通过使用45 $mmol \cdot L^{-1}$的氨基甲酸甲酯进行电沉积，以实现农产品中的重金属原子分布分析。

结合上述实验分析原理与分析基础，在具体实验开展与分析过程中，以H_2FUM、H_2BPDC与H_2BDC_3三种重金属原子结构为基础，采用原子荧光技术进行磷酸二酯菌细菌抑制与检测分析。检测过程中，对农产品检测样品中的铝酸离子

液体，以RBL对磷酸二酯菌的发光强度进行表示，同时采用I对重金属在农产品化学特征中的制约率进行表示。实验分析中，还通过静态培养进行细菌分析，从而对细菌的生长变化曲线进行获取，并实现发光细菌的冻干粉复苏培养，最终实现其Al沉积层晶状结构分析，获取农产品检测样品中的重金属X射线衍射分析结果，完成对农产品重金属的检测和分析。

采用原子荧光技术，以浓度为0.01 mol·L^{-1}的氨基甲酸甲酯溶液进行含有多种重金属的农产品样品检测，并根据检测情况，对其光谱进行分析，从而结合荧光色谱，对纯Cl/$AlCl_3$离子液体中所提取的金属离子吸收频率频谱进行对比，实现对农产品中的重金属含量与浓度检测。①

（二）实验分析和结果讨论

根据上述实验检测与原理分析，采用原子荧光技术进行农产品检测实验分析时，主要采用以下实验材料与试剂，即氨基酸溶液（重庆科龙实验试剂厂提供）、Cl/$AlCl_3$金属络合离子、碘苯酚（浓度为0.01 mol·L^{-1}）、Cl/$AlCl_3$离子液体（33.3/66.7 mol%）、乙酸、乙酰胺等。实验分析在特定环境下，通过对添加剂按100 mV·s^{-1}的扫描速率进行电沉积8000 s，并在无搅拌条件下，将甲酸甲酯分别加入不同浓度的离子液体中，进行自激荧光光谱制备，然后通过红外光谱接收以及对重金属污染农产品进行紫外光补偿后，对其中所包含的Cu^{2+}离子进行电解质分离，在上述操作过程中，结合苯丙二唑聚合物的原子荧光色谱聚类性能与特征，从聚合物本身特性出发，对重金属进行检测和分析，即可实现重金属的结构变化等有关结果获取。

原子荧光技术作为一种常见的检测技术，应用在农产品重金属检测中，不仅具有较好的选择性和较高的检测灵敏度、精密度，能够更加高效与准确地实现农产品中重金属含量的检测，而且在保障农产品安全及有效预防农产品重金属污染对人类健康的危害影响等方面，均具有十分显著的作用和成效。对原子荧光技术在农产品重金属检测中的应用分析，有利于促进对原子荧光技术的特点及检测应用优势进行进一步认识，从而在农产品重金属检测中有效应用，促进农产品重金属检测质量和效率提升。

① 孙俊.光谱技术在农作物/农产品信息无损检测中的应用[M].南京：东南大学出版社，2017：85.

结束语

食品安全关乎每个人的生命健康，而农产品作为食品的主要来源，其质量安全问题更是重中之重。为了保障公众的饮食安全，必须对农产品进行严格的质量检测，确保其符合食品安全标准。然而，随着食品产业的快速发展和全球化进程的加快，农产品质量检测面临越来越多的挑战。本书对食品安全与农产品质量检测研究得出的结论主要有以下三个方面。

第一，加强食品安全与农产品质量检测的联动和协作至关重要。食品安全监管部门和农产品质量检测机构之间需要建立信息共享和协同管理机制。通过定期交流、信息通报和联合行动等方式，加强双方在食品安全和农产品质量检测方面的协作与配合，形成监管合力。这有助于及时发现和解决食品安全问题，防范和化解潜在风险。同时，政府、检测机构、生产企业和社会各界应共同努力，建立完善的农产品质量检测体系，加强检测技术的研发和创新，提高检测人员的素质和能力，以确保农产品的质量和安全。同时，还应加大食品安全法律法规的宣传和执行力度，加大对违法行为的处罚力度，形成有效的威慑和制约机制。

第二，农业经济的发展与消费者的信任息息相关，要想获得消费者的信任，就必须为消费者创造一个安全放心的食品环境。安全的食品环境必须依靠完善的市场管理来监督和制裁商家的违法行为，而农产品安全质量检测技术为实现农产品市场监管无死角提供了最大的技术支撑，安全的食品环境可以直接带动农业经济的发展。对于现代农业来说，稳定农产品市场秩序非常重要。通过农产品质量安全检测，及时对农产品市场进行监管，最大限度保障农产品安全，确保消费者权益不受侵害，维护农产品市场稳定。

第三，农产品质量安全检测对于保障公众健康、提升农产品品质和竞争力、促进农业产业的发展、维护消费者利益和推动农业科技创新等方面具有重要意义。通过检测，可以提升农产品的品质和竞争力，促进农业生产的标准化和规范化，提高农业生产效率和产品质量。实现农产品质量安全检测的目标需要我们加大检测的力度，完善检测体系和技术手段，提高检测人员的素质和能力，确保农产品质量的长期稳定。政府和企业也应该加强合作，推动农产品质量安全检测的发展，为公众提供更安全、更高品质的农产品。

以上就是本书得出的一些结论。不可否认的是，受笔者知识的广度和深度、资料来源、研究时间等因素的限制，书中仍在一些方面存在不足之处，会在今后的研究中加以弥补和修正。

最后，感谢读者的支持和信任。笔者希望通过本书，能够引起更多人对食品安全与农产品质量问题的关注和思考，促进行业的良性发展，推动食品与农产品生产经营者不断提高加工工艺和技术水平，严把质量关口，为消费者提供更加安全、健康的产品。

参考文献

[1] 项铁男，刘小朋.农产品检测技术[M].北京：中国轻工业出版社，2020：18.

[2] 傅志强.农产品质量安全生产新技术[M].长沙：湖南科学技术出版社，2022：6–15.

[3] 杨理健.大力提升山东农产品质量安全[M].济南：山东科学技术出版社，2018：81–89.

[4] 胡盛新，余文畅，胡光灿.现代农产品质量安全实用技术问答[M].武汉：湖北科学技术出版社，2019：75.

[5] 陈文锐.农产品质量安全与检测技术[M].北京：化学工业出版社，2020：151–157.

[6] 周国振.蔬菜农药残留超标成因及应对措施[J].食品安全导刊，2018（21）：89.

[7] 郑瑞娟.探究蔬菜样品中农药残留检测前处理方法原理[J].食品安全导刊，2021（36）：169–171.

[8] 王全红，刘歌.蔬菜中有机磷农药残留检测样品前处理方法[J].食品界，2017（9）：86.

[9] 张伟然，李春生，赖旭辉等.蔬菜农药残留危害与超标原因的应对措施分析[J].农业技术与装备，2017（2）：51–52.

[10] 李谦谦，孙雪.食品安全检测中农药残留检测技术的应用分析[J].现代食品，2023（12）：177–179.

[11] 文奇菊.对食品检测中农药残留检测技术的几点思考[J].食品安全导刊，2022（26）：158–160.

[12] 马之攀，敖云胜.食品安全检测技术在农产品农药残留检测中的应用[J].中国食品，2021（13）：50–51.
[13] 曹培启.食品安全检测技术在农产品农药残留检测中的应用分析实践探究[J].食品安全导刊，2021（33）：165–167.
[14] 任凤.论食品安全检测技术在农产品农药残留检测中的应用[J].中国食品，2021（6）：108.
[15] 郭栋梁，滕晶.食品安全检测技术在农产品农药残留检测中的应用分析[J].农业技术与装备，2020（1）：52–53.
[16] 杨安.食品安全检测技术在农产品农药残留检测中的应用分析[J].食品安全导刊，2020（6）：177.
[17] 汪洲琼，徐进.检验检测能力建设促进农产品食品安全保障水平提高的实践与思考[J].当代农机，2022（10）：70+72.
[18] 余宗兰，贺利业.县级农产品质量安全检验检测的现状与发展趋势分析[J].现代食品，2022（1）：41–43.
[19] 王庆瑞.检验检测农产品质量安全对农业发展的影响[J].农家致富顾问，2021（10）：64.
[20] 石鑫.冷链物流标准体系框架构建研究[J].大众标准化，2019（8）：36–38.
[21] 成志娟.农产品质量检测分析技术规范化操作探讨[J].农村实用技术，2022（3）：120–121.
[22] 方艳斌.农产品质量检测监管存在的问题及对策[J].农家参谋，2021（18）：63+72.
[23] 陶杰，麦景郁.农产品质量检测监管存在的问题及对策[J].现代农业科技，2020（2）：63.
[24] 刘兴.农产品质量检测常见方法的相应对策分析[J].种子科技，2019（16）：130+133.
[25] 尚航影，李婵君.农产品质量检测检验抽样过程中控制现场的原则和方法[J].河南农业，2019（20）：59–60.
[26] 白淼，杨洁.浅析食品安全检测中分析化学技术的应用[J].现代食品，2019（15）：180–182.
[27] 文天星.浅谈我国农产品的质量安全管理[J].山西农经，2016（6）：50.

[28] 张蓓，杨学儒.农产品供应链核心企业质量安全管理的多维模式及实现路径[J].农业现代化研究，2015（1）：46–51.
[29] 颜丽.食用农产品质量安全的现状分析与发展探索[J].食品安全导刊，2022（11）：22–24.
[30] 张昆娴.蔬菜水果中农药残留量检测技术[J].现代食品，2018（9）：130–132.
[31] 杨娟.浅谈大数据技术在食品安全监管中的运用[J].食品安全导刊，2023（4）：13–15.
[32] 王修华.浅析食用农产品质量对食品安全的影响[J].食品安全导刊，2022（3）：40–42.
[33] 王艺静，廖鸿.利用大数据技术提高食品安全追溯系统的智能化[J].中国自动识别技术，2021（6）：77–79.
[34] 肖湘雄，张睿.人工智能驱动食用农产品质量安全精准治理研究[J].江南大学学报（人文社会科学版），2019（6）:81–88.
[35] 李哲敏，刘磊，刘宏.保障我国农产品质量安全面临的挑战及对策研究[J].中国科技论坛，2012（10）:132–137.
[36] 古川.监管压力下流通企业供应链质量安全管理[J].中国流通经济，2019（1）：64–71.
[37] 蒋丽娟.大数据环境下食品安全管理的创新思考[J].中国食品工业，2023（4）：65–67.
[38] 许稳.食用农产品质量安全与效益冲突成因研究[J].中外食品工业，2023（11）：48–50.
39] 李咏.食用农产品检验检测的质量控制研究[J].农村科学实验，2023（3）：61–63.
[40] 栗永乐.大型食用农产品批发市场质量安全管理研究及提升建议[J].食品安全导刊，2023（6）：37–39.
[41] 张宗明，吴方方.食用农产品检验检测的质量控制分析[J].农家科技，2023（18）：18.